DEUTSCHE WALDWIRTSCHAFT

EIN RÜCKBLICK UND AUSBLICK

VON

Dr. PHIL. ERHARD HAUSENDORFF
PREUSSISCHER OBERFÖRSTER IN GRIMNITZ-UCKERMARK

MIT PHYSIOLOGISCHEN UNTERSUCHUNGEN

VON

Dr. AGR. GEORG GÖRZ UND Dr. PHIL. WILH. BENADE
DIPLOMLANDWIRT AN DER   CHEMIKER A. D. BODENKUNDL. ABT.
PREUSS. GEOLOG. LANDESANSTALT   DER PREUSS. GEOLOG. LANDESANSTALT

MIT 9 ABBILDUNGEN
UND 1 FARBIGEN TAFEL

BERLIN
VERLAG VON JULIUS SPRINGER
1927

ISBN-13: 978-3-642-89213-4   e-ISBN-13: 978-3-642-91069-2
DOI: 10.1007/978-3-642-91069-2
ALLE RECHTE, INSBESONDERE DAS DER ÜBERSETZUNG
IN FREMDE SPRACHEN, VORBEHALTEN.
COPYRIGHT 1927 BY JULIUS SPRINGER IN BERLIN.
Softcover reprint of hardcover 1st edition 1927

Zueignung.

„Deutsche Waldwirtschaft" nennt diese Schrift eine eigentümlich deutsche, naturwissenschaftliche Auffassung vom Wesen des Waldes.

Die Forstwirtschaft, die dieser Auffassung folgt, wird zwei Zwecken dienen: sie wird ihre vornehmste Aufgabe, dem deutschen Volke einen möglichst ertragreichen Wald zu erziehen und dauernd zu erhalten, verbinden mit der Pflege der Schönheit des Waldes. So wichtig die erste eigentliche Aufgabe der Forstwirtschaft ist, so steht sie im Empfinden des deutschen Volkes doch an zweiter Stelle und der Sinn für die Schönheit des Waldes an erster. Der Präsident des Deutschen Reiches hat sich an die Spitze derjenigen Bestrebungen gestellt, welche im Volke das Verständnis für den Wert und die Schönheit des deutschen Waldes erhalten und fördern wollen. Unter seiner Schutzherrschaft steht der Bund „Deutscher Wald", Bund zur Wehr und Weihe des Waldes. Diesen Bestrebungen fügt sich die vorliegende Schrift in ihren allgemeinen Zielen ein.

Doch bestehen auch noch besondere Beziehungen dieser Schrift zu dem Schutzherrn des Bundes „Deutscher Wald". In der Oberförsterei Grimnitz liegt das Landhaus des Reichspräsidenten, in dem er oft und gern weilt und die Schönheiten des deutschen Waldes genießt. In der Oberförsterei Grimnitz sind auch die Untersuchungen ausgeführt, welche diese Schrift mitteilt; sie sind dem Herrn Reichspräsidenten von seinen Reviergängen her bekannt. Daher sei diese Schrift

dem Präsidenten des Deutschen Reiches

Herrn Generalfeldmarschall

von Beneckendorff und von Hindenburg

in Ehrfurcht gewidmet.

Vorwort.

Während ich an dieser Schrift arbeitete, beschäftigten mich nebenher die „Goethevorlesungen von HERMANN GRIMM; gehalten an der Königlichen Universität zu Berlin 1874/75", in der Ausgabe von 1923. HERMANN GRIMM führt uns in diesen Vorlesungen den Werdegang gewisser großer Zusammenhänge der Weltgeschichte vor Augen und benutzt diesen Hintergrund zur Darstellung der Einzelheiten aus dem Leben GOETHEs und seiner Werke. Auf diese Weise werden nicht nur die Vorlesungen ungewöhnlich lebhaft und anschaulich, sondern die Persönlichkeit GOETHEs und seine Werke erhalten überhaupt erst durch diese Darstellung ihren vollen Inhalt. Einzelheiten, die an sich unwichtig erscheinen mögen, treten in Beziehung zu großen geschichtlichen Zusammenhängen und gewinnen so an Bedeutung.

Auch die vorliegende Schrift gibt einen Überblick über bestimmte Zusammenhänge im Werdegang unserer Deutschen Waldwirtschaft. Die daraus gefolgerte Notwendigkeit gewisser Umstellungen im forstlichen Betriebe führt zur Mitteilung von Einzeluntersuchungen aus einem beschränkten Wirtschaftsgebiet — dem der *Oberförsterei Grimnitz*. Diese Untersuchungen erhalten durch den Zusammenhang, in dem sie stehen, grundsätzliche Bedeutung; sie sind der Versuch, den als richtig erkannten, aber bisher nur in der allgemeinen Richtung angedeuteten Weg einer *Forstwirtschaft auf physiologischer Grundlage* in einem besonderen Fall zu beschreiben und auszubauen. Wir sind der Meinung — um im Vergleich zu bleiben — daß ähnlich wie GOETHE seinem Jahrhundert das Gepräge gegeben hat, auch die hier besprochene Notwendigkeit der Umstellung unserer Forstwirtschaft uns in *einen neuen Zeitraum forstlicher Wirtschaftsführung* eintreten läßt, *einen Zeitraum, der durch Möllers Dauerwaldgedanken sein Gepräge erhält.*

Besonderen Dank für das Zustandekommen dieser Arbeit schulde ich Herrn Landforstmeister BORGGREVE, als meinem zuständigen Landforstmeister, und Herrn Oberforstmeister LACH von der Regierung Potsdam. Beide Herren haben mir die dienstliche Möglichkeit für die Durchführung dieser Versuche in meinem Revier gegeben. Daß die Arbeiten in der vorliegenden Art und Weise ausgeführt werden konnten, danke ich dem liebenswürdigen Entgegenkommen des *Präsidenten der Geologischen Landesanstalt*, Herrn Geheimrat KRUSCH, und seines Mitarbeiters, des Leiters der bodenkundlichen Abteilung dieser Anstalt, Herrn *Professor* GANSSEN: ausgehend von geologischen Arbeiten in der Oberförsterei *Grimnitz* sind wir seit 1924 immer mehr ins waldbauliche Gebiet gekommen. Herr Dr. GEORG GÖRZ hatte sein Meßverfahren damals erst vor Jahresfrist erfunden und im allgemeinen nur zu Feuchtigkeitsbestimmungen landwirtschaftlich genutzter Böden verwendet; Baummessungen waren nur vereinzelt gemacht worden. Hier bot sich die Gelegenheit, im Rahmen einer dauerwaldartigen Wirtschaftsführung forstliche Untersuchungen und Baummessungen im großen auszuführen, und damit die *Brauchbarkeit des* GÖRZ*schen Apparates für forstwirtschaftliche Zwecke* festzustellen. Herr Dr. GÖRZ hat die Messungen selbst ausgeführt mit Hilfe der drei hier försternden Referendare BARCKHAUSEN, HOEMANN und KRAHL-URBAN. Der größte Teil der Kosten sowohl der GÖRZschen Arbeiten als auch der Bodenuntersuchungen nach NEUBAUER, die Herr Dr. BENADE der Geologischen Landesanstalt ausführte, wurde ebenfalls von der *Geologischen Landesanstalt* getragen.

Die vorliegenden Arbeiten sind die Grundlage oder doch nur der erste Schritt zur Umgestaltung der Wirtschaftsführung in der Oberförsterei *Grimnitz*. Es sei daher schon hier auf den beabsichtigten weiteren Verlauf der Arbeiten kurz hingewiesen. Die begonnenen Untersuchungen bedürfen der *Ergänzung auf dem Gebiete der Botanik*. Auf Rat meines verehrten Lehrers der Pflanzenphysiologie, Professor HABERLANDT-*Berlin*, wandte ich mich im Frühjahr 1926 an das *Botanische Museum in Dahlem;* dort hatte der Assistent Dr. FRIEDRICH MARKGRAF in seinem „*Praktikum der Vegetationskunde*" auch forstliche Untersuchungen mitgeteilt; Untersuchungen dieser Art würden eine wesentliche Ergänzung der hier mitgeteilten Arbeiten bedeuten. Nach einer kürzlich erfolgten Besprechung hatte Professor DIELS die Güte, Dr. MARKGRAF für botanische Untersuchungen im Rahmen der hier vertretenen Art der Wirtschaftsführung zur Verfügung zu stellen.

Oberförsterei Grimnitz-Uckermark,
Weihnachten 1926. **E. HAUSENDORFF.**

Inhaltsverzeichnis.

Seite

Allgemeines. Von Dr. ERHARD HAUSENDORFF, Grimnitz-Uckermark 1
1. Dauerwaldwirtschaft, die zweckmäßigste Art der Bewirtschaftung unserer Wälder 1
   a) Der Dauerwaldgedanke 1
   b) Das Waldbodeninventar 4
2. Freie waldbauliche Betriebsführung; Trennung des Waldbaues von der Ertragsregelung 8
3. Umstellung des forstlichen Versuchswesens 18
4. Pflanzenphysiologie und Bodenkunde, die beiden wichtigsten Hilfswissenschaften für den Forstmann 24

Einzeluntersuchungen und Ergebnisse 30
5. Die forstlichen Verhältnisse. Von Dr. ERHARD HAUSENDORFF, Grimnitz-Uckermark 31
6. Elektro-physiologische Untersuchungen im Boden und im Baum. Von Dr. GEORG GÖRZ, Berlin 36
   a) Untersuchungen im Revier Syke bei Bremen von GANSSEN und GÖRZ 47
   b) Untersuchungen in der Umgebung von Bärenthoren im Frühjahr 1925 von WIEDEMANN und GÖRZ 51
   c) Studien über Wurzelausbildung im Revier Stibbe-Grenzmark von GÖRZ und BENNECKE 51
   d) Untersuchungen im Staatsrevier Grimnitz-Uckermark. ... 54
7. Untersuchungen nach der Keimpflanzenmethode. Von Dr. WILHELM BENADE, Berlin 59
   a) Die theoretischen Grundlagen des Verfahrens 59
   b) Die Ausführungsform der Methode.
      α) Der Vegetationsversuch. β) Das Abernten. γ) Die Berechnung der Analysenergebnisse. δ) Die Auswertung .. 60
   c) Einige Gedanken über die Auswertung bei Waldböden ... 65
   d) Eigene Untersuchungen 68

Schlußfolgerungen. Von Dr. ERHARD HAUSENDORFF, Grimnitz-Uckermark 71
Anhang. Von Dr. ERHARD HAUSENDORFF, Grimnitz-Uckermark 85
Uebersicht über das verwendete Schrifttum 87

Allgemeines.

1. Dauerwaldwirtschaft, die zweckmäßigste Art der Bewirtschaftung unserer Wälder.

a) Der Dauerwaldgedanke.

Am 4. November 1922 starb plötzlich und unerwartet der Professor der Botanik, Oberforstmeister ALFRED MÖLLER, Direktor der Forstakademie *Eberswalde*. MÖLLER schied aus seiner Lebensarbeit in einer Zeit, in welcher er der Deutschen Forstwirtschaft neue Wege zu weisen begonnen hatte. Seine Gedanken zur *Dauerwaldwirtschaft*, die er in den Waldbauvorlesungen seinen Hörern ausführte, die er in seinen Veröffentlichungen wissenschaftlich begründete und an der „*Kieferndauerwaldwirtschaft*" des Kammerherrn VON KALITSCH in *Bärenthoren* (Kreis Zerbst-Anhalt) praktisch erläuterte, sind das Erbe, das MÖLLER uns hinterließ. *Den gewiesenen Weg weiter zu gehen, ihn im einzelnen festzulegen und auszubauen, ist nicht nur Pflicht gegen den verstorbenen Meister, sondern auch Pflicht gegen den deutschen Wald.*

Wir zwängen bisher den Wald in ein Wirtschaftsschema hinein, das ihm nicht gestattet, seine Kräfte voll zu entfalten; es bleiben Möglichkeiten der Ertragssteigerung ungenutzt, deren Brachliegen volkswirtschaftlich nicht länger zu rechtfertigen ist. Aber was das Bedenklichste ist, die Erträge, die unsere Forstwirtschaft bisher brachte, können im Rahmen der jetzigen Wirtschaftsverfahren nicht mehr lange auf der alten Höhe gehalten werden; sie lassen vielfach schon so fühlbar nach, daß auch unter den Anhängern der alten Wirtschaftsart die Stimmen sich mehren, die eine freie, mehr naturgemäße Betriebsführung fordern.

Unser gegenwärtiger Forstwirtschaftsbetrieb ist noch eng angelehnt an jene ersten grundlegenden Maßnahmen, die vor 150 bis 200 Jahren zur Ordnung des Forstbetriebes überhaupt getroffen wurden. Die damals erfolgte Einteilung der Wälder in Jahresschläge und die Anordnung, daß jährlich nur *ein* Schlag im Laufe der Umtriebszeit zu nutzen, die übrigen Schläge aber für die nachhaltige Holzversorgung der folgenden Jahre zurückzustellen seien, liegt der *Fachwerkwirtschaft* noch heute zugrunde. Zweifellos hat diese einfache und übersichtliche Einteilung zu einer Verbesserung des Waldzustandes und einer Ansammlung von Holzvorräten geführt und eine geordnete Forstwirtschaft überhaupt erst geschaffen. Sie hat sich dann mit einer Beharrlichkeit, die solchen einfachen und bequemen Dingen stets eigentümlich ist, bis heute erhalten.

An sich sprechen Einfachheit und jahrelange Anwendung *für* ein Verfahren. Sollten aber mit einer solchen einfachen Waldeinteilung die Forderungen gesteigerter Holzerzeugung, die an die Forstwirtschaft der Zukunft zu stellen sind, nicht vereinbar sein, so muß diese Einteilung als ein nicht mehr brauchbares Erbe der Vorzeit fallen und einem geeigneteren Verfahren Platz machen. Das würde an ihrem Wert, den sie bisher hatte, nichts ändern; es würde vielmehr wahren Fortschritt bedeuten, wenn man die alte Form zerschlüge, um einer neuen leistungsfähigeren Form Eingang zu verschaffen.

Tatsächlich ist die in der Fachwerkwirtschaft erstrebte Übersichtlichkeit des Betriebes durch das Aneinanderreihen der Jahresschläge nach Fläche und Alter nun seit langem erreicht. Wir sind dadurch zur Erziehung der Holzarten in eng geschlossenen, gleich alten und meist auch gleichartigen Beständen *einer* Holzart gekommen. Die im engen Schluß erzogenen Bestände ermöglichen es zwar, die Hauptmasse der jährlichen Holznutzung auf bestimmte Schläge zusammenzudrängen, bieten aber dem Einzelstamm nicht die Möglichkeit, seine volle Zuwachsleistung zu entfalten; dadurch wird die Gesamtholzerzeugung des Waldes herabgesetzt. Die Nachteile dieser einseitigen Art der Wirtschaftsführung haben, je länger je mehr, die ursprünglichen Vorteile überwogen. Auch treten Krankheiten und Bodenrückgang in einem Maße auf, daß jetzt das Aufgeben dieser Art der Forstwirtschaft zu einer sich immer mehr aufdrängenden Notwendigkeit wird.

Hier setzt der Dauerwaldgedanke ein. Er fußt auf den pflanzenphysiologischen Grundlagen des Waldbaues; sie sollen zu dem maßgebenden Gesichtspunkt der Betriebsführung werden, da nur dadurch die höchste Leistung erzielt und die Wirtschaftlichkeit des Betriebes gewahrt werden kann. Ein unter den besten Wuchsbedingungen für den Einzelstamm erzogener Wald wird auch die besten Zuwachsleistungen haben und also die höchstmöglichen Erträge bringen. Dazu ist die Auflösung des bisher ängstlich gewahrten Schlusses der Bestände in einem Maße nötig, wie wir im Fachwerk Befangene es uns nur schwer vorstellen können. Und doch zeigen die neuesten Untersuchungen aus der Kieferndauerwaldwirtschaft des Kammerherrn VON KALITSCH in *Bärenthoren,* daß erst bei einer gewissen niedrigeren Stammzahl in den älteren Beständen höhere Zuwachsleistungen und ein höherer Gesamtvorrat auf der ganzen Waldfläche erzielt werden können, und zwar Zuwachsleistungen, welche die bisherigen nachhaltig übersteigen. Der Dauerwaldgedanke hat uns in die Anfänge einer die Ertragsmöglichkeiten unserer Wälder noch suchenden Waldwirtschaft gestellt. Wir haben große, vielleicht ungeahnte Entwicklungsmöglichkeiten vor uns. *Nach dem ersten, fast 200 Jahre zurückliegenden Schritt zu einer geregelten Forstwirtschaft überhaupt sind wir jetzt erst im Begriff, den zweiten Schritt zu tun, zu einer allein den Wuchsgesetzen des Waldes folgenden Wirtschaftsführung, zur Dauerwaldwirtschaft.*

Es ist Herrn VON KALITSCH in seiner Kieferndauerwaldwirtschaft gelungen, *in 5 Jahrzehnten den Holzvorrat seines Waldes zu verdreifachen und den Ertrag zu verdoppeln:*

Der Derbholzvorrat des Reviers Bärenthoren betrug

rd. 40 000 fm im Jahr 1872
und ,, 114 000 ,, ,, ,, 1924.

b) Das Waldbodeninventar.

Das dauernde Vorhandensein möglichst vieler zuwachskräftiger Stämme auf allen Flächen des Waldes ist die erste Voraussetzung für die Güte und Höhe der jährlichen Holzerzeugung einer Dauerwaldwirtschaft.

„*Waldbodeninventar*" nennt Herr VON KALITSCH alle die holzerzeugenden Kräfte des Waldes; und das wichtigste Stück dieses Waldbodeninventars ist *ein genügend hoher und wertvoller Derbholzvorrat*. Genügend muß der Vorrat der Menge nach sein; denn nur ein entsprechend hoher Vorrat kann den erstrebten hohen Zuwachs leisten. Wertvoll muß der Vorrat sein hinsichtlich der Güte des Einzelstammes, d. h. seiner Geradheit, Astreinheit und Jahrringbildung.

Diese allgemein gehaltene Forderung nach einem genügend hohen und wertvollen Vorrat läßt sich hinsichtlich der Eigenschaften, welche ein solcher Derbholzvorrat im einzelnen haben muß, noch genauer fassen. Eine von Herrn VON KALITSCH selbst gegebene Darstellung der Anforderungen, die an den Derbholzvorrat einer Dauerwaldwirtschaft zu stellen sind, ist folgende:

„*Die Anforderungen an die Höhe und den Wert des Vorrates können erst dann als erfüllt angesehen werden*, wenn hinsichtlich:

1. *der Gesundheit, Geradschäftigkeit, Astreinheit und Form der Stämme,*

2. *des Verhältnisses von Schaftlänge zur Krone bei den Hauptholzarten und allen Mischhölzern,*

3. *der besten technischen Verwendbarkeit des Holzes, besonders Gleichmäßigkeit der Jahrringe,*

4. *der wirtschaftlich zweckmäßigsten Holzartenmischung,*

5. *der durchschnittlichen Durchmesserstärke der einzelnen Holzarten und also der Derbholzmasse des Gesamtvorrates*

wesentliche Verbesserungen nicht mehr zu erwarten sind."

Fehlt der Holzvorrat auf einer Waldfläche, so entsteht er im Laufe der Zeit durch *Selbstansamung*; übermäßige Schädigungen —

namentlich durch Wild und Weidevieh — dürfen dann allerdings nicht eintreten. — Soll der Holzvorrat *künstlich begründet* oder ergänzt werden, so ist hierzu meist *Bodenarbeit* notwendig. Es ist zu bedenken, daß durch Bodenarbeit niemals ein gleich guter Bodenzustand erreicht werden kann, wie er unter der Einwirkung eines zweckmäßig behandelten Waldes von selbst entsteht. *Die Entstehung eines guten Bodenzustandes ist aber für die Zuwachsleistung des Holzvorrates von größter Bedeutung.* Denn der Boden an sich enthält die für den Baumwuchs nötigen anorganischen Nährstoffe in ausreichender Menge. Es muß nur ein Boden*zustand* geschaffen werden, der die Pflanzennährstoffe in einer für die Baumwurzel leicht aufnahmbaren Form ausreichend zur Verfügung stellt. Hierzu ist ungehinderte Humuszersetzung unter Mitwirkung der gesamten Groß- und Kleinlebewelt des Bodens an Pflanzen, Pilzen und Tieren eine unerläßliche Notwendigkeit.

Die physikalischen und chemischen Eigenschaften eines solchen „gepflegten Waldbodens" können nur dann für den Holzzuwachs ganz zur Wirkung kommen, wenn die Kronen der Bäume so groß und so gestaffelt sind, daß sie den Luftraum und das Sonnenlicht mit einer genügenden Blattfläche erfassen und verwerten können. Die Kohlensäure der Luft, welche von den Blättern der Bäume aufgenommen und in ihnen mit Hilfe des Sonnenlichtes zu organischen Kohlenstoffverbindungen umgebildet wird, trägt um mehr als die Hälfte zur Bildung der Holzmasse bei, welche wir in unseren Wäldern nutzen. Diese Tatsache fand in den eng geschlossenen, schlecht bekronten Beständen einer Fachwerkwirtschaft keine oder doch nur eine sehr ungenügende Berücksichtigung. Untersuchungen über die zweckmäßige Größe der Baumkronen im Verhältnis zur Schaftlänge liegen von ROBERT HARTIG vor. — Sicherlich haben die Stämme einer Wirtschaft mit geschlossenen Beständen *viel* zu geringe, hochsitzende Kronen!

Im Unterschied zur „räumlichen Ordnung" einer Fachwerkwirtschaft besteht, die *räumliche Ordnung einer Dauerwaldwirtschaft* in zweckmäßiger Holzartenmischung — einzelstammweise oder besser in kleinen Horsten — und in der Staffelung der Kronen der einzelnen Stämme zueinander. Nur ein solcher Vorrat könnte als „normal" im Sinne dauerwaldartiger Wirtschaftsführung bezeichnet werden; er wird höchsten und wertvollen Zuwachs leisten und also auch nachhaltig einen möglichst hohen, wertvollen jährlichen Holzertrag bringen.

Die *volkswirtschaftlichen Vorteile* einer solchen Betriebsführung liegen darin, daß auf der Flächeneinheit bei durchschnittlich größerem Holzvorrat höherer Zuwachs und also auch höhere jährliche Erträge als bisher erreicht werden; auch werden Hölzer erzeugt, die der Art und der Stärke nach eine vielseitigere Verwendungsmöglichkeit gewährleisten. Die sonst brachliegenden oder doch nicht vollständig ausgenutzten Kräfte der Natur: Licht, Luft und Boden, werden zu erhöhter Holzerzeugung herangezogen; es erfolgt also eine staatswirtschaftlich besonders wünschenswerte *Hebung der Urproduktion.* Sie ist gegenüber der Steigerung der landwirtschaftlichen Erträge der letzten Zeit dadurch besonders beachtenswert, daß sie *ohne Aufwand an künstlichen Hilfsmitteln* nur durch zweckmäßigere Ausnutzung der an sich vorhandenen Kräfte der Natur erfolgt.

Man hat das *Gesetz des abnehmenden Bodenertrages,* das für die Landwirtschaft gilt, für die Forstwirtschaft auch als zutreffend bezeichnet. Das ist *nur mit großen Einschränkungen* richtig. Überhaupt sind die Vergleiche mit der Landwirtschaft wenig geeignet, Klarheit in forstwirtschaftliche Verhältnisse zu bringen. Die Forstwirtschaft hat ihre eigentümlichen Gesetze der Gütererzeugung, die sich von denen der Landwirtschaft grundsätzlich unterscheiden. Vergleiche beider Wirtschaftsarten sind daher, was die Forstwirtschaft betrifft, mehr irreführend als fördernd. So ist die Einteilung des schlagweisen Hochwaldes mit seinen jährlich kahl werdenden Ernteflächen, die wir als den Grundgedanken der Fachwerkwirtschaft bezeichneten und gegen deren Unzweckmäßigkeit der Dauerwaldgedanke sich jetzt wendet, aus der Landwirtschaft übernommen. Für sie gilt das Gesetz vom abnehmenden Bodenertrag, daß nämlich „die Steigerung des Reinertrages durch Steigerung des Aufwandes nur bis zu einer gewissen, durch örtliche Verhältnisse gegebenen Grenze möglich ist (GÖRZ)". — Dieses Gesetz galt auch in dem der Landwirtschaft entlehnten Betriebsverfahren des schlagweisen Hochwaldes. Die forstlichen Zeitschriften berichten, wie gegenwärtig die Aufwendungen *dieses* Betriebes den Ertrag vielfach wieder so in Anspruch nehmen, daß große Forstverwaltungen einen Reingewinn kaum noch erzielen[1]). Nun will der Dauerwaldgedanke eine Ertragsverbesserung herbeiführen nicht durch erhöhten Aufwand, sondern nur dadurch, daß der Betrieb zweckmäßiger gestaltet wird; die vorhandenen, aber bisher nicht voll ausgenutzten Kräfte der Natur sollen zu vermehrter Holzerzeugung herangezogen werden. Mit zunehmender Verbesserung des Waldzustandes sollen die Aufwendungen immer geringer werden, bis sie — der Idee nach — schließlich überhaupt aufhören. Das Gesetz vom abnehmenden Bodenertrag wird dann gegenstandslos. Tatsächlich hat Herr VON KALITSCH im Vergleich zu den jährlichen Kosten der Fachwerkwirtschaft so gut wie ohne laufenden Geldaufwand gewirtschaftet. *In diesem Sinne kann das Gesetz vom abnehmenden Bodenertrage für die von uns erstrebte Forstwirtschaft nicht als gültig anerkannt werden und muß auf die Landwirtschaft beschränkt bleiben*; inwieweit es auch für diese bestritten wird, unterliegt hier nicht der Erörterung.

Gerade dieser Möglichkeit höherer Ausnutzung des forstlichen Grund und Bodens ohne besonderen Aufwand muß der Staat die allergrößte Aufmerksamkeit schenken; erwächst doch daraus die Möglichkeit, größere Menschenmengen auf beschränktem Raum zu ernähren, vielseitigere Beschäftigung für die Landbevölkerung und die Industrie zu finden und dem Staate hierdurch mittelbar — und, soweit er selbst Waldbesitzer ist, auch unmittelbar — erhöhte Einnahmen zu sichern.

---

[1]) Vgl. HAUSENDORFF: Sparmaßnahmen der Preuß. Staatsforstverwaltung. Forstliche Wochenschr. , Silva 1927, H. 1. — LUEDER in Der Deutsche Forstwirt 1926, Nr. 110 u. 111 und Wirtschaftlichkeit in den Preußischen Staatsforsten in Der Holzmarkt 1926, Nr. 288 vom 2. Dez. 1926.

In der Fachwerkwirtschaft ist eine nachhaltige Holzversorgung nicht mehr gewährleistet: Die Bodenkraft geht zurück, die Wüchsigkeit der immer wieder in unzweckmäßiger Weise erzogenen Bestände läßt nach, die Schädigungen des Waldes durch Insekten und Pilze steigern sich zu einem die weitere fachwerkmäßige Forstwirtschaft überhaupt in Frage stellenden Umfange. Demgegenüber schafft die Dauerwaldwirtschaft gesundere Verhältnisse und läßt erwarten, daß der wüchsigere Wald auch widerstandsfähiger sein wird.

Der im Sinne des Dauerwaldgedankens wirtschaftende Forstmann will durch den wirtschaftlich notwendigen Eingriff in den Wald, durch die jährliche Holznutzung, die natürlichen Kräfte der Holzerzeugung auf der ganzen Waldfläche dauernd zu einem so zweckmäßigen Zusammenwirken anregen, daß der Volkswirtschaft dadurch die nachhaltig vielseitigsten und wertvollsten Erträge aus dem Walde gesichert werden. Das zu erreichen, ist der Sinn der Waldwirtschaft überhaupt. Also ist Dauerwaldwirtschaft die einzig mögliche Art der Bewirtschaftung unserer Wälder.

2. Freie waldbauliche Betriebsführung; Trennung des Waldbaues von der Ertragsregelung.

In meinem ersten Vortrage zur Dauerwaldfrage im Jahre 1920 habe ich darauf hingewiesen, daß wir mit dem Dauerwaldgedanken in einen neuen Zeitraum forstlicher Wirtschaftsführung eingetreten seien. Wir haben eine Zeit gebundener Wirtschaftsführung im Rahmen bestimmter Betriebsverfahren hinter uns und gehen einer neuen Zeit freier Wirtschaftsführung entgegen. Waren wir bisher an die Durchführung eines vorher bis ins einzelne festgesetzten Wirtschaftsplanes gebunden, so wird uns jetzt die selbständige Durchführung einer Dauerwaldwirtschaft, die ja nur in großen Zügen vorgeschrieben werden kann, verantwortlich übertragen. Am Ende seiner Betriebsführung und in gewissen Zeitabschnitten während derselben wird der Oberförster sich über

Freie waldbauliche Betriebsführung; Trennung von der Ertragsregelung.

die Höhe und Güte des ihm übertragenen Holzvorrates und somit über die Zweckmäßigkeit seiner Wirtschaftsführung ausweisen müssen; denn ohne diesen Nachweis über den Gang des Vorrates läßt sich kein Urteil über die Leistung des Wirtschafters und über den Erfolg oder Mißerfolg seiner Betriebsführung fällen. *Also muß jedem Oberförster bei seinem Dienstantritt der Vorrat seines Reviers nach Masse und Güte übergeben und von ihm verlangt werden, daß er ihn seinem Nachfolger in gleich gutem oder besserem Zustand wieder zu übergeben hat.* Nur dann kann er als wirklich verantwortlicher Wirtschaftleiter bezeichnet und der Erfolg seiner Arbeit am Gang und Wert des Vorrates und seines Zuwachses auch nachgeprüft werden. Nur dann werden wir uns auch über die Wirtschaftlichkeit oder Unwirtschaftlichkeit des forstlichen Betriebes einwandfrei ausweisen können, eine Forderung, die namentlich der Staat an seinem der Allgemeinheit dienenden Waldbesitz erfüllen muß, die aber auch für jeden Privatmann selbstverständlich sein sollte. Gegenwärtig sind wir weder im Staatswald, noch in der größten Zahl der Privatwälder in der Lage, diese Frage mit genügender Genauigkeit zu beantworten; denn die wichtigste Unterlage für eine solche Berechnung, die Ermittlung des vorhandenen Vermögens, des Holzvorrates, fehlt!

Der Einwand, daß genaue Vorratsaufnahmen im Walde, namentlich wenn sie alle 10 bis 20 Jahre wiederholt werden müssen, zu umständlich und kostspielig seien, kann nicht anerkannt werden. *Sind Vorratsermittlungen für die Führung und Prüfung des Betriebes notwendig, so müssen sie gemacht werden;* und sie werden sich bei allgemeiner Anwendung im Laufe der Zeit so vervollkommnen lassen, daß sie leicht, billig und zuverlässig durchführbar sind. Schon jetzt sind die Kosten, die sie verursachen — auf den Festmeter umgerechnet — kaum nennenswert, und der Aufwand an Arbeit übersteigt den einer Betriebsregelung alter Art nicht.

Mochten vor 100 Jahren Schwierigkeiten bestanden haben, als HEINRICH COTTA seine *Forstabschätzung* schrieb und darin sagte: „Wenn man einen großen Wald nach allen Teilen durchwandert, so muß man sogleich den Gedanken fahren lassen, den gesamten Vorrat des Holzes genau vermessen zu wollen, weil es der Stämme von der einjährigen Pflanze bis zum ältesten Baum viel zu viele gibt, um sie alle zu zählen, und weil ihre Formen zu regellos und verschieden sind, um die Stämme ganz genau messen und berechnen zu können". — Trotzdem haben damals G. L. HARTIG und HUNDESHAGEN ihre Vorratsaufnahmen durchgeführt! Heute sollte eine Auffassung wie die COTTAS überwunden sein — und doch wird sie noch so oft geäußert!

Unsere Betriebs- und Ertragsregelungen alter Art sind in einer Dauerwaldwirtschaft nicht brauchbar. *Nur die Höhe und Güte des Holzvorrates und seines Zuwachses können der Maßstab sein für die zulässige Höhe der jährlichen Holznutzung.*

Nennen wir die Kunst zweckmäßiger Holzerziehung im Walde den Waldbau, und die Maßnahmen zur Ermittlung des jährlich möglichen Hiebsatzes für einen Wald die Ertragsregelung, so stehen Waldbau und Ertragsregelung in einem bestimmten festen Verhältnis zum Holzvorrat: *Der Waldbau schafft den Vorrat, an welchem die Ertragsregelung die zulässige Nutzung berechnet.* — Diese Feststellung erscheint selbstverständlich, und doch ist ihr die nötige Beachtung nicht geschenkt worden.

Das ursprüngliche Verhältnis des Menschen zum Walde ist nicht das der pfleglichen Behandlung, sondern das der Ausnutzung, zunächst der Raubwirtschaft, später der planmäßigen Nutzung. Die Ertragsregelung, welche die planmäßige Holznutzung im Walde feststellt, ist derjenige Zweig der Forstwirtschaft, welcher bei Beginn geregelter Verhältnisse in allen Ländern und Erdteilen zuerst ausgebildet wird. Die Verfahren des Waldbaues bleiben auch bei planmäßiger Nutzung zunächst verhältnismäßig unausgebildet und grob. In dem Maß, wie sich diese verfeinern und das Übergewicht über die Ertragsregelung erhalten, also der Waldbau selbständig neben die Ertragsregelung tritt, in dem Maß erreicht die Forstwirtschaft die Höhe der Werterzeugung, die volkswirtschaftlich gefordert werden muß.

Wir sind in Deutschland in dieser Hinsicht führend; aber auch wir stehen erst im Begriff, zu dieser Höchstleistung in der Wald-

wirtschaft zu kommen, wenn wir dem Dauerwaldgedanken folgen. Tun wir dies, so würden wir unsere führende Stellung in der Forstwirtschaft der Welt behalten, die uns nach vieler Meinung seit dem Krieg verloren geht. Wir würden dann als erste den Schritt zur höchsten Vollendung waldbaulichen Könnens, den MÖLLER *und* KALITSCH *uns gewiesen haben, auch tatsächlich tun.*

BORGGREVE schreibt in seiner *Forstabschätzung* von 1888 im zweiten ,,Forstertragsregelung" überschriebenen Teil: ,,Die Forstertragsregelung hat in der Regel die Aufgabe, festzustellen, wie viel Holz von bestmöglicher, oder doch bestimmter Qualität in maximo ein Wald nachhaltig liefern kann, und dabei zugleich diejenigen allgemeinen Satzungen für die Bewirtschaftung, insbesondere die zeitliche und räumliche Verteilung der Nutzungen, zu geben, von deren Festhaltung diese Lieferung abhängig erscheint". Bezeichnend ist der Nachsatz, den BORGGREVE dieser Erläuterung hinzugefügt; er sagt: ,,Weil manchen dieser letztere Teil der Ertragsregelung — der doch eigentlich nur Mittel zum Zweck — als der wichtigere gilt, werden von diesen die Bezeichnungen ,,Betriebsregelung" oder ,,Einschätzung" vorgezogen". — BORGGREVE sieht also in der *Ermittlung des zulässigen Abnutzungssatzes die wesentliche Aufgabe der Forstertragsregelung*, in allem anderen nur Mittel zum Zweck. *Ich möchte die Feststellung des Abnutzungssatzes sogar als die einzige Aufgabe der Ertragsregelung bezeichnen; alles weitere gehört nicht mehr in das Gebiet der Ertragsregelung, sondern in das des Waldbaues.* Namentlich auch die von BORGGREVE geforderte Aufstellung ,,allgemeiner Satzungen für die Bewirtschaftung". Eine Verquickung dieser Maßnahmen mit der Durchführung einer Ertragsregelung ist deswegen nicht ratsam, weil die Erfahrung zeigt, daß sie zu einer Unterstellung der waldbaulichen Maßnahmen unter die Zwecke der Ertragsregelung geführt hat, aber gerade aus der Trennung beider die notwendige Freiheit in waldbaulicher Hinsicht für die Zukunft zu erwarten ist.

Den meisten unserer gegenwärtig üblichen Verfahren der Forstertragsregelung und Betriebseinrichtung müssen wir also

12 Freie waldbauliche Betriebsführung; Trennung von der Ertragsregelung.

den Vorwurf machen, daß sie diese notwendige Trennung der Maßnahmen des Waldbaues von denen der Ertragsregelung nicht beachten, vielmehr beides gleichzeitig zu bestimmen suchen, und die Ertragsregelung dabei maßgebend auf das Gebiet des Waldbaues übergreift. Am schärfsten tritt dieser Übergriff bei den Verfahren hervor, die MÖLLER als *Kahlschlagbetriebe* bezeichnete und den *Dauerwaldbetrieben* gegenüberstellte. Es sind dies die Verfahren der einfachen Flächenteilung (einfache Schlageinteilung und Periodenschlageinteilung), die Fachwerkverfahren (Maßenfachwerk, Flächenfachwerk und kombiniertes Fachwerk) und das sogenannte Altersklassenverfahren. Die Einwirkung all dieser Verfahren auf den Wald kennzeichnete C. WAGNER in seinem Vortrag vor dem Deutschen Forstverein in *München 1920* mit den Worten: „Das Festlegen der Ernteflächen und Umtriebszeit, die Trennung von End- und Vornutzung, die seltene Wiederkehr der Durchforstungen, die streng geschlossene Bestandserziehung usw., kurz die Periodenwirtschaft, die Fachwerkidee, hat den deutschen Wald und seine Wirtschaft im Bann gehalten, waldbaulich erstarren lassen. Dieser Fachwerkwald ist heute der Ort „der größten Kulturaufgaben"; denn er befindet sich waldbaulich auf dem toten Punkt. Schuld an diesem Schaden trägt nicht die gesteigerte Holzentnahme als solche, sondern vor allem der Zustand des Waldes zur Zeit der Entnahme. Auch hier ist wieder die gebundene Wirtschaft die Quelle des Übels. Der Wirtschaftsplan bindet uns an bestimmte Ernteflächen, einen kleinen Teil der Gesamtfläche, er trennt End- und Vornutzung und setzt eine bindende Umtriebszeit fest. Wir finden die heutige Kulturnot" — von der gerade die norddeutsche Kiefernwirtschaft ein besonders beredtes Beispiel ist — „nur, wo noch Fachwerkgeist herrscht. Freie Wirtschaft weiß sich zu helfen und selbst bei schärfsten Eingriffen solchen Schaden zu vermeiden". — Immer wieder wird in den Schriften WAGNERS die Forderung nach einer freien, nur waldbaulichen Gesichtspunkten unterstellten Forstwirtschaft erhoben. Diese Forderung liegt ganz im Sinne des Dauerwaldgedankens. Auch in der freundlichen Widmung, mit welcher WAGNER mir beim Erscheinen der 4. Auflage seiner „Grundlagen der räumlichen Ordnung im Walde" im Jahr 1923 dieses Buch und später sein „Märchen aus dem Walde"[1]) übersandte, habe ich ein Zeichen für die Übereinstimmung seiner Auffassung mit den hier wiedergegebenen Gedanken gesehen.

Für die *Forstwirtschaft des Gebirges* ist eine freie Wirtschaft nur nach waldbaulichen Gesichtspunkten allein nicht möglich; Holzbringung und Windschutz verlangen hier Berücksichtigung. Das ist richtig, wenn auch ein Meister im Fach wie STEPHANI in *Forbach* Windschutz und Holzbringung bei bester waldbaulicher Bewirtschaftung ohne vorher bestimmte räumliche Ordnung des Betriebes erreicht. Es ist aber auch — eben von CH. WAGNER — für die Forstwirtschaft im Gebirge ein Verfahren ausgearbeitet, das mit der waldbaulich günstigsten Art der Hiebsführung Windschutz und zweckmäßige Holzbringung verbindet, also den Forderungen an die zeitliche und räumliche Ordnung des Betriebes gleichzeitig genügt und dabei doch den waldbaulich zweckmäßigsten Bestockungsaufbau ermöglicht. Dies ist der *Blendersaumschlag;* er verbindet für Fichte und Tanne und die anderen Holzarten des Gebirges Sturmsicherheit und zweckmäßige Holzbringung mit der Möglichkeit weitgehenster Ausnutzung des Lichtungszuwachses und der natürlichen Verjüngung.

In der Ebene bedürfen Sicherheit gegen Sturm und Holzbringung derartiger Maßnahmen nicht; hier kann ohne jeden Zwang eine freie Wirtschaft nur nach waldbaulichen Notwendigkeiten geführt und ohne weiteres ein *Bestockungsaufbau* erstrebt werden, der höchste und wertvollste Holzerzeugung gewährleistet.

Die Wirtschaft des Herrn VON KALITSCH ist wieder das geeignetste Beispiel: Um die Stammzahl zum Zwecke der natürlichen Reinigung der Schäfte und der Erziehung genügend langer, astreiner Stammstücke nicht zu stark vermindern zu müssen, also den Bestockungsaufbau möglichst geschlossen zu erhalten, läßt Herr VON KALITSCH in seinen Kiefernbeständen die Kronen krummschäftiger Vorwüchse seit einigen Jahren köpfen derart,

---
[1]) Deutscher Forstwirt 1925, S. 496.

14 Freie waldbauliche Betriebsführung; Trennung von der Ertragsregelung.

daß nur der schädigende Teil der Krone des betreffenden Stammes beseitigt wird, der Stamm selbst aber am Leben bleibt. Oft werden einem solchen Vorwuchs oder sonst ungeeigneten Stamme auch nur ein oder mehrere Seitenäste genommen. Dadurch erhält der besser veranlagte Nachbar Wuchsraum, die Stammzahl bleibt aber trotzdem möglichst hoch und die Holzerzeugung der Vorwüchse kann noch ausgenutzt werden. Auch das Entwipfeln schwerkroniger Stämme vor dem Aushieb dient dazu, den in allen Teilen durchgearbeiteten Bestockungsbau möglichst wenig zu stören und möglichst geschlossen und stammreich zu erhalten. Die hierüber laufenden Untersuchungen sind namentlich wegen des geringen Aufwandes an Zeit und Geld für die mit Leiter und Säge ausgeführten Köpfungen und Entastungen lehrreich und bedeuten einen weiteren Schritt in der Vervollkommenung der Kieferndauerwaldwirtschaft des Herrn von KALITSCH.

Gesichtspunkte des Forstschutzes oder der Forstbenutzung werden in der Ebene eine Abweichung von dem Ziel höchster Holzerzeugung unter bester Ausnutzung der waldbaulichen Möglichkeiten nicht bedingen können. Denn mit einem möglichst guten waldbaulichen Zustand wird auch den Forderungen des Forstschutzes und der Forstbenutzung hinreichend Genüge getan.

Keineswegs dürfen Zwecke der Forstertragsregelung eine Abweichung von dem Ziel einer nur waldbaulichen Gesichtspunkten folgenden Wirtschaft veranlassen. Die Ertragsregelung ist zu beschränken auf die Messungen des Vorrates und seines Zuwachses; sie hat nach dem Stande des Vorrates, seiner Wertigkeit und seines Zuwachses den zulässigen Abnutzungssatz herzuleiten. Die hierfür erforderlichen Feststellungen sind etwa alle 10 Jahre zu wiederholen. BIOLLEY hat uns gezeigt, daß diese méthode expérimentale, d. h. die Ermittlung der zweckmäßigsten Höhe des Vorrates und seiner Leistung durch die Wirtschaft selbst das einzig zweckmäßige Verfahren ist. Professor KNUCHEL von der Forstabteilung der Eidgenössischen Technischen Hochschule in Zürich führte auf dem Fortbildungskursus der schweizerischen Forstmänner im Jahre 1923 aus:

"Die Überlegenheit der eigentlichen Kontrollmethoden gegenüber den Altersklassenmethoden liegt ganz besonders auch darin, daß nicht nur der Fachmann, sondern jedermann, der Interesse am Walde besitzt, sich über dessen Zustand zahlenmäßige Auskunft verschaffen kann, und daß auch die feineren, von bloßem Auge nicht erkennbaren Veränderungen des Waldzustandes festgestellt werden können. Der Vergleich eines Waldes mit andern wird erleichtert und spornt die Waldbesitzer zum Wetteifer an. Aber auch dem Taxator und Wirtschafter gewährt ein solches Verfahren eine höhere Befriedigung als das alte, und jeder neue Wirtschaftsplan fördert seine Kenntnisse und festigt das Bild, das er sich von dem zu erreichenden Zustande macht.

Nachdem in der Schweiz in den letzten Dezennien die Lehre von der Begründung und Erziehung der naturgemäß zusammengesetzten Waldungen mit großem Erfolg in die Praxis übertragen worden ist, muß die Förderung der Betriebseinrichtung eines unserer vornehmsten Ziele der nächsten Zukunft sein. *Die an den Waldbau angepaßte Betriebseinrichtung wird die Forstwirtschaft nicht minder fördern, als die waldbaulichen Errungenschaften es vermocht haben*[1]).

Der bedauerliche Tiefstand des Einrichtungswesens in den meisten Kantonen ist eine beschämende Tatsache, indem er beweist, daß man sich vielerorts nicht genügend Rechenschaft über den Zustand des uns anvertrauten Gutes gibt und darauf verzichtet, die Wirkung der im Wald getroffenen Maßnahmen nach der Art des Kaufmanns und des Technikers zahlenmäßig zu prüfen und zu verwerten. *Es genügt nicht, daß der Forstmann die Waldungen nach seinem besten Wissen und Gewissen verwaltet, er muß sich und der Öffentlichkeit auch über die Veränderungen in seinem Inventar, hinsichtlich Masse und Qualität, fortwährend zahlenmäßigen Aufschluß geben können*"[1]).

Die Forderungen des Waldbaus, die nach KNUCHEL in den Waldungen der Schweiz "in den letzten Dezennien mit größtem

---

[1]) Von mir hervorgehoben.

Erfolg in die Praxis übertragen worden sind", faßt er mit den Worten zusammen:

„Die wichtigsten Punkte dieser übrigens heute von allen Waldbaulehrern als richtig anerkannten Grundsätze sind folgende:

1. Rückkehr zum *gemischten Wald*, als einem Mittel zur Erhöhung der Widerstandsfähigkeit der Bestände gegen äußere Gefahren und Erhöhung der Qualität und Quantität der Produktion;

2. *Begünstigung der Ungleichalterigkeit* und Heranziehung der jungen Generation unter dem Schutze des Altholzes, wodurch die zuwachslose Jugendperiode abgekürzt, die Erziehung *aller* Holzarten, auch der frostempfindlichen, und die Zucht starker Sortimente ermöglicht wird.

Es ist erstaunlich, welche Wirkung diese Lehre auf den schweizerischen Wald ausgeübt hat. Der Kahlschlag ist aus den öffentlichen Waldungen verschwunden, die Ausbreitung der reinen gleichalterigen Bestände hat seit längerer Zeit keine Fortschritte mehr gemacht!" [1]) So kann die schweizerische Waldwirtschaft als eine Dauerwaldwirtschaft bezeichnet werden.

Gewisse allgemeine Richtlinien für die Wirtschaftsführung, wie sie schon BORGGREVE verlangte, sind im dauerwaldartigen Betriebe notwendig, namentlich für den Staatswald; sie werden für bestimmte einheitlich zu beurteilende Wirtschaftsgebiete und auch für bestimmte waldbauliche Fragen aufzustellen sein etwa derart, wie sie die Württembergische Staatsforstverwaltung herausgegeben hat. — Auch die örtlichen Erfahrungen der Revierverwaltung zusammen mit den Ergebnissen wissenschaftlicher Forschungen sind in dieser „Allgemeinen Wirtschaftsvorschrift", wie eine solche Zusammenstellung für die einzelnen Wirtschaftsgebiete wohl zweckmäßig zu nennen wäre, zu sammeln und als Vorschriften für die Durchführung bestimmter, örtlich erprobter und wissenschaftlich begründeter Verfahren zu veröffentlichen.

So teilt Oberforstrat Dr. CHR. KÖHLER, „Wirtschaftsregeln für das Waldgebiet der Schwäbischen (Württ.) Alb" in den 3 letzten Heften der Allgemeinen Forst- und Jagdzeitung 1926 mit; sie

---

[1]) Von mir hervorgehoben.

Freie waldbauliche Betriebsführung; Trennung von der Ertragsregelung. 17

sollen die Vorarbeit sein für „*baldige Aufstellung neuer Wirtschaftsregeln der Württembergischen Staatsforstverwaltung.*" — Auch die Silva berichtet in Nr. 49 vom 3. Dezember 1926 über den Stand dieser Frage in *Baden*. Anfänge für die Aufstellung solcher allgemeinen Wirtschaftsvorschriften für waldbauliche Maßnahmen in bestimmten einheitlichen Gebieten liegen auch in *Preußen* vor. Das Ministerium für Landwirtschaft, Domänen und Forsten hat unter dem 19. Februar 1922 — III 22049/21 — einen Erlaß über die „*Wirtschaftsführung in den Oberförstereien der Nordwestdeutschen Tiefebene*" herausgegeben. Die darin aufgestellten Richtlinien geben in großen Zügen Vorschriften für die waldbauliche Behandlung bestimmter wirtschaftlich erprobter und wissenschaftlich erwiesener Fragen für das genannte Wirtschaftsgebiet. Der Erlaß ist an die Regierung in *Lüneburg* gerichtet, aber auch anderen Regierungsbezirken zugesandt „zur Kenntnis und zur Beachtung für die Wirtschaftsführung in den Iachlandoberförstereien des Bezirkes, die ähnliche Verhältnisse haben wie der Regierungsbezirk Lüneburg". — Oberforstmeister HASSENSTEIN hat für den Regierungsbezirk *Stettin* ebenfalls eine allgemeine Verfügung über die Behandlung der Kiefernbestände zur Vermeidung einer übertriebenen Kahlschlagwirtschaft erlassen.

Für die Durchführung einer Dauerwaldwirtschaft im Staatsbetriebe ist die Aufstellung derartiger allgemeiner Richtlinien unerläßlich; sie ist aber auch sonst notwendig, um die Anwendung gewisser, feststehender Verfahren waldbaulicher Art bei bestimmten gleichartig zu behandelnden Fragen sicher zu erreichen. Denn das oft planlose Herumprobieren einzelner Revierverwalter oder Förster ist kostspielig und meist erfolglos. Auch der Bau erprobter und empfehlenswerter forstlicher Werkzeuge durch leistungsfähige Unternehmen in billiger Reihenherstellung und die Beseitigung zweifellos schädlicher Werkzeuge, z. B. ungeeigneter Sämaschinen, muß in die Wege geleitet werden, wenn unsere forstlichen Arbeitsverfahren mit den Forderungen nach erhöhter Gütererzeugung Schritt halten wollen.

In der Verpflichtung, dieser Allgemeinen Wirtschaftsvorschrift sich einzufügen, liegt die einzige Bindung auf waldbaulichem Gebiet, der sich der Wirtschafter unterstellen müßte, — ähnlich wie heutzutage ein Landwirt die Bewirtschaftung seines Gutes bestimmten allgemeinen Regeln des Pflanzenbaues und der Viehzucht unterstellen muß, wenn er zweckmäßig wirtschaften will.

Hatten wir für *die Forstwirtschaft des Gebirges* neben einer Allgemeinen Wirtschaftsvorschrift noch *eine bestimmte Betriebsform* — die des *Blendersaumschlages* — zur Sicherung des Betriebes für notwendig gehalten, so ist für die *Forstwirtschaft der Ebene eine bestimmte Betriebsform nicht erforderlich.* Die Übersichtlichkeit des Betriebes ist hier durch die allgemein vorhandene Jageneinteilung genügend gewährleistet; die weitere Betriebssicherung übernimmt der Waldbau. Wir glauben also, im Gebirge einen bestimmten *Wald*aufbau verlangen zu müssen, in der Ebene uns aber mit einem der „Allgemeinen Wirtschaftsvorschrift" entsprechenden *Bestockungs*aufbau begnügen zu können, um uns den Begriffsbildungen WAGNERS anzuschließen.

Welch ein großes Feld der Tätigkeit eröffnet sich hier den forstlichen Versuchsanstalten!

3. Die Umstellung des forstlichen Versuchswesens.

Auch im forstlichen Versuchswesen ist bisher die Ertragskunde das wesentlichste Arbeitsgebiet gewesen, demgegenüber Untersuchungen „produktionstechnischer Art", wie DIETERICH sich ausdrückt, also Arbeiten aus dem Gebiet des Waldbaues zurücktraten. Man suchte die Erträge des Waldes zu erfassen und darzustellen in der Annahme, daß die „Produktion", die Holzerzeugung im Walde, eine gewisse, dem Standort nach feststehende Höhe habe, die sich im schlagweisen Hochwald durch die Art der Wirtschaft nicht wesentlich beeinflussen lasse. Die Herausgabe feststehender, nach Standortsklassen gegliederter Ertragstafeln wurde daher die Hauptarbeit, namentlich des Preußischen Versuchswesens.

Nun zeigt uns der Dauerwaldgedanke, daß in einem Wald gleich alter und geschlossener Bestände die Holzerzeugung nicht voll zur Geltung kommen kann, und, daß es feststehende Ertragsklassen — wenigstens in dem engen Rahmen, den die Ertragstafeln annehmen, — nicht gibt. MÖLLER hat — bisher unwiderlegt und auch unwiderlegbar — nachgewiesen, daß *„die Massenerzeugung des Dauerwaldes größer sein muß als die des schlagweisen Hochwaldes"* und daß *„Dauerwaldwirtschaft überall und sofort möglich ist"*; und die seine Untersuchungen fortsetzende Arbeit der Sächsischen Forsteinrichtungsanstalt *„Bärenthoren 1924"* schließt mit der Feststellung: „Das Sächsische Forsteinrichtungsamt steht nach alledem — unter Ablehnung aller übertriebenen Hoffnungen und Folgerungen — auf dem Standpunkt, daß der Dauerwaldgedanke in seiner klassischen MÖLLERschen Form mit berufen ist, die für den deutschen Wald geforderte und im volkswirtschaftlichen Interesse notwendige Ertragssteigerung bei richtiger Anwendung und Durchführung der Erziehungs- und Erntegrundsätze des Herrn von KALITSCH zu ermöglichen. Versuche im großen müssen dafür in allen Kieferngebieten Deutschlands angestellt werden".

Wiederholt ist darauf hingewiesen worden, daß den forstlichen Versuchsanstalten durch die Beobachtung ganzer Reviere, „Versuchswirtschaften", wie VATER sie nennt, sich die Möglichkeit böte, ihre Untersuchungen vielseitiger und zweckmäßiger zu gestalten; an Stelle der Bearbeitung der Ergebnisse kleiner Probeflächen würden dann Fragen des Waldbaues großer, geschlossener Wirtschaftsgebiete erörtert werden können. Das Revier des Herrn VON KALITSCH, in welchem MÖLLER seine Untersuchungen zur „Kieferndauerwaldwirtschaft" begann, an welchem er den mit so großem Wiederhall in der forstlichen Welt aufgenommenen Begriff *Dauerwald* prägte, ist eine solche, für diese Zwecke besonders geeignete Versuchswirtschaft. Die *Preußische forstliche Versuchsanstalt* war unter MÖLLERS Leitung im Begriff, in *Bären-*

thoren und einer Anzahl anderer staatlicher und privater Reviere an eine derartige Bearbeitung waldbaulicher Fragen im großen heranzutreten. Denn nur im Zusammenwirken *aller* auf einer größeren Wirtschaftsfläche zur Geltung kommenden Kräfte der Holzerzeugung ist die Möglichkeit gegeben, waldbauliche Fragen richtig zu beurteilen. — Der gewiesene Weg wurde nach MÖLLERS Tode nicht eingeschlagen. Auch die kürzlich vom *Verein der Deutschen forstlichen Versuchsanstalten* mitgeteilte *Anweisung zur Ausführung von Untersuchungen in gemischten Beständen* zeigt, daß ganz am Alten festgehalten wird. Die Fortsetzung der MÖLLERschen ,,*Untersuchungen aus der Forst des Kammerherrn* VON KALITSCH" ist daher auch nicht von einer Versuchsanstalt, sondern von der *Sächsischen Forsteinrichtungsanstalt* ausgeführt worden.

Die vom Ausland uns strittig gemachte führende Stellung des deutschen forstlichen Versuchswesens zu wahren, wäre hier Gelegenheit gewesen. Ein Schreiben des Reichsforstverbandes liegt vor mir, das einer ähnlichen Auffassung Ausdruck gibt. Schärfer ist das Urteil des Auslandes; Professor BOGOSLOWSKI vom *Petersburger Forstinstitut* übersandte mir sein Buch ,,*Neue Strömungen in der Forsteinrichtung*" 1925; darin schreibt er:[1])

,,Ich möchte bitten, sich in die Bedeutung der Tatsache hineinzudenken, daß der neue Stern der Forstwirtschaft aus einem kleinen preußischen Privatwaldbesitz zu leuchten begann. Es fragt sich, wo war denn eigentlich die mächtige Preußische Staatsforstverwaltung, der unermeßlich größere Möglichkeiten zur Verfügung standen, die außerdem eine größere Verantwortung vor dem Staat trägt, als der schlichte Waldbesitzer v. KALITSCH? Die Antwort ist klar: Die in Preußen für das forstliche Versuchswesen bewilligten kärglichen Mittel[2]) wurden verausgabt für Arbeiten zur Aufstellung von Ertragstafeln für die Kahlschlagwirtschaft, sowie für unbedeutende Studien im Gebiete der Forstkulturtechnik

---

[1]) l. c. S. 137/138.
[2]) Der Ausdruck des russischen Textes ist sehr viel schärfer. Ich verweise namentlich auch auf die Ausführungen BOGOSLOWSKIS: Zur neuen Preußischen Betriebsregelungsanweisung.

und der forstlichen Mykologie. Und das ist alles! Ich halte mich für berechtigt, das zu behaupten, denn vor meinen Augen auf dem Schreibtisch liegen sämtliche „Werke" der Preußischen Versuchsstelle für Forstwesen in Gestalt eines Dutzend dünner Broschüren. — Es ist deshalb nicht verwunderlich, daß uns KALITSCH neue Wege der Forstwirtschaft zeigt, obwohl er vielleicht am wenigsten an das Weltschicksal des Forstwesens dachte, als er sich die Frage stellte, wie aus seinem kleinen heruntergewirtschafteten Waldgut das Möglichste herauszuholen sei, ohne es dabei weiter zu ruinieren". BOGOSLOWSKI schlägt daher vor:

„Zur Erreichung des Fortschrittes in der Forstwirtschaft ist meines Erachtens unbedingt erforderlich:

1. daß das forstliche Versuchswesen als eine der wichtigsten Zweige der Organisation der staatlichen Forstwirtschaft anerkannt wird;

2. daß mit den bisherigen scholastischen Überlieferungen der Fachwerksmethoden gebrochen wird, und als Grundlage der Forsteinrichtung genaue objektive Untersuchungen über den Waldzustand gelegt werden".

Für *Preußen* ist die *Neuregelung des forstlichen Versuchswesens* beabsichtigt. Unter der „*Satzung der Forstlichen Hochschulen Eberswalde und Hann. Münden vom 17. Oktober 1922*" ist im § 24 die forstliche Versuchsanstalt aufgenommen mit den Worten: „Für die einheitliche Durchführung langfristiger, das regelmäßige Arbeitsgebiet der Hochschule ihrem Umfange nach übersteigender forstwissenschaftlicher Untersuchungen — besonders auf dem Gebiet der forstlichen Produktionslehre — ist die Forstliche Versuchsanstalt in Eberswalde zuständig. Sie untersteht unmittelbar dem Minister und hat ihren eigenen Haushaltsplan. Soweit bei den Instituten der forstlichen Hochschulen eingeleitete Versuche und wissenschaftliche Untersuchungen auf das Arbeitsgebiet der forstlichen Versuchsanstalt übergreifen und umgekehrt, haben die Veranstalter dieser Versuche usw. in tunlichst gegenseitigem Einvernehmen zu handeln und sich gegenseitig jede zweckdienliche Förderung ihrer Arbeiten zuteil werden zu lassen."

Bei strenger Scheidung der Begriffe *Wissenschaft* und *Technik* derart, daß die Wissenschaft der Erforschung der Wahrheit um ihrer selbst willen dient, die Technik aber eine möglichst zweckmäßige Befriedigung der volkswirtschaftlichen Notwendigkeiten erstrebt, ist der Aufgabenkreis der forstlichen Versuchsanstalten nicht ein *wissenschaftlicher*, sondern ein *forsttechnischer*. Die *wissenschaftlichen Grundlagen der Forstwirtschaft werden an den Hochschulen bearbeitet und vorgetragen*; sollen doch die forstlichen Hochschulen nach § 1 ihrer Satzung „der Lehre und Forschung auf dem gesamten Gebiet der Forstwissenschaft und ihrer Grund- und Hilfswissenschaften dienen". Inwieweit auch hier Technik und reine Wissenschaft zu trennen sind, kann am Vergleich mit den Technischen Hochschulen leicht ersehen werden und ist von dem ersten Rektor der Technischen Hochschule in Berlin bei Eröffnung dieser Anstalt in klarer und glänzender Weise dargestellt worden.

Allein der Forstlichen Hochschule Eberswalde stehen für wissenschaftliche Arbeit 8 besondere Institute zur Verfügung:
1. das Physikalisch-Meteorologische Institut,
2. das Chemisch-Technische Institut,
3. die Mineralogische-Geologische und Geschiebe-Sammlung,
4. das Bodenkundliche Institut,
5. das Möller-Institut für Waldbau und Pilzforschung,
6. das Botanische Institut,
7. das I. Zoologische Institut und Fischzuchtanstalt,
8. das II. Zoologische Institut.

In besonders umfangreichem Maße ist hier die Möglichkeit zu wissenschaftlicher Arbeit gegeben. Nun auch der forstlichen Versuchsanstalt noch besondere *wissenschaftliche* Arbeiten zuzuweisen, erscheint nicht notwendig. *Der Aufgabenkreis des Versuchswesens ist ein forsttechnischer*; DIETRICH kennzeichnet ihn als „*produktionstechnischer*" und „*ertragskundlicher Art*", und sagt für die ersteren Arbeiten: „es soll ein vom Wirtschaftsziel eingegebener *technischer* Gedanke durch Versuche erprobt und gefördert werden", gleichgültig „ob nun dieser Gedanke von der

Praxis ausgeht oder dem Forschenden rein deduktiv... sich aufdrängt"; daß bisher die ertragskundlichen Arbeiten überwogen, und auch diese als forsttechnische Arbeiten anzusehen sind, ist bereits erwähnt.

Betrachtet man diese Fassung des Aufgabenkreises der Versuchsanstalten getrennt von den Gebieten wissenschaftlicher Arbeit, deren einzelne Zweige in den Instituten der Hochschule ihre Förderung finden, so ist damit auch eine klare Trennung der Arbeiten beider Anstalten gegeben: *Die Hochschulen liefern durch ihre Forschungsarbeit die wissenschaftliche Grundlage für die von der Versuchsanstalt in besonderen Untersuchungen oder in Zusammenarbeit mit der Praxis zu lösenden technischen Fragen.*

Dieser Trennung des Arbeitsgebietes der Versuchsanstalt von dem der Hochschule entsprechend muß auch die „äußere Organisation des forstlichen Versuchswesens" gestaltet werden. LEMMEL führt in seinem Aufsatz „Vor der Neuregelung des forstlichen Versuchswesens in Preußen" diese Trennung des Aufgabenkreises der beiden Anstalten nicht durch. Seine Auffassung, „daß wissenschaftliche Forschung frei sein muß, wenn sie erfolgreich sein soll", trifft zu. Der wissenschaftlichen Forschung sichert die Verfassung der Hochschule die nötige Freiheit. Das Versuchswesen hat technische Aufgaben; Leiter des Versuchswesens muß also ein *Techniker* sein; er muß gelernter Forstmann sein und als Leiter des *Preußischen* Versuchswesens die norddeutsche Kiefernwirtschaft aus praktischer Erfahrung kennen. Nur dann kann er „den vom Wirtschaftsziel eingegebenen technischen Gedanken durch Versuche auch tatsächlich erproben und fördern!" — Daß sich Wissenschaft und Praxis in einem Manne so glücklich vereinen wie in MÖLLER, der dadurch der gegebene Leiter des Preußischen Versuchswesens war, und sich diese Stellung auch ganz seinen Zielen angepaßt hatte, ist selten. Doch werden sich immer Männer finden, die als Oberforstmeister der Versuchsanstalt es verstehen, die aus dem gegenwärtigen Stand der Wissenschaft sich ergebenden Notwendigkeiten für die Praxis zu erkennen und durch das Versuchswesen nutzbar machen.

4. Pflanzenphysiologie und Bodenkunde, die beiden wichtigsten Hilfswissenschaften für den Forstmann.

Unsere jetzigen forstlichen Betriebsverfahren suchen dem Wald den Aufbau einer mathematischen Reihe zu geben; seine Erträge stellen dann eine Periodenrente dar. Der Wald wird dadurch übersichtlich und rechnerisch bequem; Zinseszins- und Rentenrechnung lassen sich an ihm leicht und fehlerlos lösen. Aber diese Übersichtlichkeit wird erkauft mit einer Störung der Holzerzeugung. Denn der Wald verliert in dieser ihm wesensfremden Form je länger je mehr seine ursprüngliche Kraft. Die mathematischen Erwägungen im Walde gehen so weit, daß selbst DUESBERG seinen Plenterwald in ein Sechseckschema zu bringen sucht. Ja, die Güte der mathematischen Kenntnisse ist zum Maßstab für die Auswahl des Nachwuchses im Forstberuf geworden. Unser ganzes forstliches Denken steht unter diesem Einfluß.

Alles Wissen *beginnt* mit der Mathematik. Und so stehen wir auch mit der Forstwirtschaft, die den Wald nach mathematischen Erwägungen behandeln will, erst am Beginn unseres Wissens vom Walde. A. BERNHARD sagt in seiner *Forstgeschichte:* „*Überall ist es die Herrschaft der Schulregeln, welche der freien Beherrschung des Wissensstoffes, der freien Übung der Kunst vorausgeht und sie ermöglicht.*" So mußte im Walde eine Zeit mathematischer Wirtschaftsführung, „die Zeit der Schulregeln", vorausgehen, ehe die Zeit freier Wirtschaftsführung, „der Kunst" des Waldbaues, wie sie der Dauerwaldgedanke verlangt, eintreten konnte.

Die Kunst des Waldbaues beruht auf „*biologischem Wissen*" vom Walde, auf der Kenntnis der Lebensvorgänge in ihm und der *Wechselwirkungen, die zwischen den Bäumen untereinander und zwischen dem wachsenden Holz und dem Boden in großer Mannigfaltigkeit bestehen, und die anzuregen zu zweckmäßigstem Zusammenwirken der Sinn des Dauerwaldgedankens ist.* An die Stelle der Mathematik treten bei dauerwaldartiger Betriebsführung *Pflanzenphysiologie und Bodenkunde.* Sie werden zu den beiden wichtigsten Wissenschaften für den Forstmann; alle anderen Zweige der Forst wirtschaftslehre treten ihnen gegenüber an Bedeutung weit zurück.

Ist doch der Dauerwaldgedanke selbst pflanzenphysiologischen Überlegungen entsprungen! Ihn „mathematisch beweisen" zu wollen, ist unmöglich; er muß naturwissenschaftlich erkannt und verstanden werden.

„MÖLLER hat an dem Beispiel der Wirtschaftsführung des Herrn VON KALITSCH den Gedanken einer *Kieferndauerwaldwirtschaft* entwickelt und das Wort Dauerwaldwirtschaft geprägt", so führte ich auf der *Versammlung des Deutschen Forstvereins in Salzburg* aus. „Die Auffassung beider Männer hat sich in einem Jahrzehnt gemeinsamer Arbeit und gemeinsamen Meinungsaustausches geklärt und in ihrer Übereinstimmung gefestigt und gesteigert. Daher bietet uns heute nach dem Tode MÖLLERS die Persönlichkeit des Herrn VON KALITSCH die Gewähr dafür, daß in Bärenthoren eine Wirtschaft im Sinne des MÖLLERschen Dauerwaldgedankens weiterbetrieben wird. Sollte *Bärenthoren* nun tatsächlich geringere Erfolge aufweisen, als MÖLLER sie seinerzeit mitteilte, so würde das nur besagen, daß das Beispiel *Bärenthoren* die Verwirklichung des Dauerwaldgedankens noch nicht in so hohem Grade erreicht hat, wie MÖLLER es annahm; daß es also weiter der zielbewußten und unbeirrten Arbeit eines Mannes wie des Herrn VON KALITSCH bedarf, um auf dem erfolgreich beschrittenen Wege zum Ziele zu kommen. Ein Beispiel bleibt immer eine unvollkommene Erläuterung eines Gedankens; das sagt schon das Wort „Beispiel". Eine mehr oder weniger große Vollkommenheit des Beispieles kann aber nicht als Beweis für oder gegen die Richtigkeit des Gedankens an sich gebraucht werden." Hier ließen sich erkenntniskritische Erörterungen darüber anschließen, daß der Dauerwaldgedanke eine echte Idee im Sinne KANTscher Begriffsbildung ist. Ich habe hierauf bei der Auseinandersetzung mit DROYS[1]) und auch auf der Salzburger Tagung des Deutschen Forstvereins kurz hingewiesen. Die Frage ist einer späteren eingehenderen Bearbeitung vorbehalten.

---

[1]) Zeitschr. f. Forst- u. Jagdwesen 1924, Heft 10, S. 622.

Der Dauerwaldgedanke ist auf physiologischem Gebiet ein „Qualitatives, nur die Richtung angebendes Resultat", wie MITSCHERLICH gewisse Ergebnisse bodenkundlicher Arbeiten bezeichnet[1]). *„Die Forschung auf dem Gebiete der pflanzenphysiologischen Bodenkunde muß aber quantitative Bahnen einschlagen;* denn der Land- wie der Forstwirt will wissen, durch . . . welche Maßnahmen ganz bestimmte Ertragssteigerungen erzielt werden können; er will nicht nur wissen, ob irgendeine praktische Maßnahme überhaupt ertragssteigernd wirkt, sondern wie sie wirkt." Diese Worte MITSCHERLICHS gelten nicht allein für Pflanzenphysiologie und Bodenkunde, diese beiden wichtigsten Grundlagen dauerwaldartiger Betriebsführung, für welche MITSCHERLICH sie zunächst angewendet wissen will, sondern für den Dauerwaldgedanken selbst: Nachdem MÖLLER die allgemeine Richtung angegeben hat, ist es unsere Aufgabe, durch Einzeluntersuchungen physiologischer Art seine Gedanken zu erläutern und zu vertiefen. Dieser Zweck liegt den Untersuchungen zugrunde, die seit 1923 in der *Oberförsterei Grimnitz* begonnen und nun zu einem gewissen Abschluß gebracht sind.

Vor einigen Monaten erschien eine physiologische Untersuchung „quantitativer Art", die Arbeit des Oberförsters Dr. WITTICH „Über den Einfluß intensiver Bodenbearbeitung auf Hohenlübbichower und Biesenthaler Sandboden". Die Arbeit beschäftigt sich in ihrem Hauptteil mit dem Stickstoffumsatz in den genannten Böden und trifft damit eine Frage, die seit den Zeiten BOUSSINGAULTS, SCHULTZ-LUPITZS, HELLRIEGELS und WILFARTHS, WINOGRADSKYS, BEIERINGCKS u. a. nicht zur Ruhe gekommen und namentlich für den Wald bis heute eine offene Frage geblieben ist. MÖLLER hatte bei seinen *Mykorrhiza-Untersuchungen,* in den Arbeiten über die *Wurzelbildung der ein- und zweijährigen Kiefer* und in den mit mir zusammen verfaßten *Humusstudien* immer wieder die Stickstoffversorgung unserer Waldgewächse zum

---

[1]) Internationale Mitteilungen für Bodenkunde Bd. 1, Heft 1. S. 81 ff. 1911. — E. A. MITSCHERLICH: Die Bodenkunde in ihrer Bedeutung für die Land- und Forstwirtschaft.

Gegenstand der Bearbeitung gemacht. Seine Arbeiten werden in gewisser Weise ergänzt und fortgeführt durch die WITTICHsche Untersuchung, wenn diese auch nicht unmittelbar an sie angeknüpft. Physiologische Untersuchungen derart, wie sie WITTICH ausführt, sind nur möglich, wenn ein Laboratorium zur Verfügung steht und Geld, Zeit und technische Hilfsmittel ausreichen, um die sehr umständlichen Versuche durchführen zu können. Sie sind daher nur in seltensten Fällen möglich und müssen auf diejenigen Reviere beschränkt bleiben, welche die nötigen Hilfsmittel in gut erreichbarer Nähe haben. Nun gibt uns das von Dr. GEORG GÖRZ im Jahre 1923 erfundene Meßverfahren die Möglichkeit, durch elektrische Messungen unmittelbar einen Einblick in physiologische Vorgänge im Walde zu erhalten. Die Messungen sind auf großer Fläche schnell und leicht durchführbar und gestatten durch einfaches Ablesen ein sicheres Urteil über die Wirkung bestimmter Maßnahmen des Waldbaues, ein Urteil, das bisher nur durch eingehende Untersuchungen im Laboratorium möglich war. Trotz dieser Erfindung behalten Einzeluntersuchungen im Laboratorium durchaus ihren Wert; nur können bestimmte Fragen des Waldbaues jetzt ohne sie unmittelbar beantwortet werden.

Beginnend mit 1923 sind in der Oberförsterei *Grimnitz* in lichtstehenden Kiefernbeständen von 100—150 und mehr Jahren Bodenarbeiten mit den verschiedensten forstlichen Werkzeugen ausgeführt worden. Die Arbeiten erfolgten des Wildstandes wegen von vornherein auf großer Fläche — im ganzen auf etwa 200 ha. Der früher sehr starke, jetzt erheblich verminderte Wildstand dieses Hofjagdrevieres alter Zeit hat zu einer eigenartigen, einseitigen Beeinflussung des Bodenzustandes, der Bodenflora und der Bestandszusammensetzung geführt. Die Angaben hierüber, sowie alle sonstigen Unterlagen für den weiteren Verlauf der Versuche und der Wirtschaftsführung überhaupt sind in Lagerbüchern niedergelegt. Die Versuche sowohl wie die Betriebsführung selbst stehen unter dem Gesichtspunkt dauerwaldartiger Wirtschaft: Der Holzvorrat des Reviers ist alt und unzureichend, aber er ist durch die verständnisvolle Art der Hiebsführung meines Amtsvorgängers, des Forstmeisters VON HÖVEL, meist gesund und wuchskräftig erhalten; an ihm soll eine den Vorrat ergänzende und pflegende Wirtschaft getrieben werden unter allmählicher Steigerung seiner Masse und Güte.

Der *„Görzsche Apparat"* ist seit 1925 in der Oberförsterei Grimnitz verwendet worden. Dies ist das erste Mal, daß der Apparat im großen für forstliche Zwecke gebraucht wurde. Er hat dabei seine Brauchbarkeit voll erwiesen; sie wird erhöht durch die leichte Handhabung des Apparates, die Zuverlässigkeit der Messungen und seine vielseitige Verwendungsmöglichkeit. Der GÖRzsche Apparat mißt die *„relative Leitfähigkeit L — 1"* (vgl. hierüber S. 33f. und Abbildungen), d. h. er gibt einen Maßstab an für den Gehalt des Bodenwassers, bzw. der Rindenschicht eines Baumes an gelösten Salzen; es kann also auf den mehr oder weniger lebhaften Umsatz im Boden und auf den mehr oder weniger lebhaften Stoffwechsel im Baum unmittelbar geschlossen werden. Die Wirkung verschiedener forstlicher Maßnahmen, z. B. bestimmter Verfahren der Bodenbehandlung, Reisigdeckung, Lichtung usw. kann vergleichsweise unmittelbar im Boden und am Baum abgelesen werden (vgl. Abb. 3 und 8). Ebenso kann der Feuchtigkeitsgehalt ohne weiteres gemessen werden. Derartige Feststellungen würden ohne den Apparat, wie gesagt, langwieriger Arbeit im Laboratorium bedürfen und haben der Laboratoriumsarbeit gegenüber außerdem den Vorteil, daß sie gleich im Walde und am Baum ausgeführt werden können. Die Entnahme und Verpackung von Proben fällt also fort, so daß die hierbei doch immer erfolgenden Störungen des ursprünglichen Zustandes vermieden werden.

Die Untersuchungen mit dem *Görzschen Apparat* wurden ergänzt und erweitert durch *Bodenuntersuchungen nach Neubauer*. Ursprünglich waren *auch physikalische Untersuchungen nach Atterberg* begonnen. Die Proben sind im Winter 1924/25 entnommen und im *Laboratorium der Geologischen Landesanstalt* mit folgendem Ergebnis für die hier in Frage kommenden Jagen ausgeführt worden:

Schlämmanalyse nach ATTERBERG, von 6 Bodenproben der Oberförsterei Grimnitz.

Die Untersuchung ergab:

1. Auf den feuchten Boden bezogen:

Korngröße	Probe 1a	1b	2a	2b	3a	3b
kleiner als						
0,002 mm	Spur	Spur	Spur	Spur	Spur	Spur
0,002—0,006	0,3%	Spur	Spur	Spur	Spur	Spur
0,006—0,02	0,3%	Spur	Spur	Spur	Spur	Spur
0,02 —0,06	3,0%	2,0%	0,7%	0,5%	2,0%	1,1%
0,06 —2 mm	87,5%	93,0%	94,0%	97,0%	93,0%	95,0%
Wassergehalt	6,9%	3,9%	5,7%	2,2%	4,1%	2,2%
	98,0	98,9	100,4	99,7	99,1	98,2

2. Auf den bei 105° getrockneten Boden berechnet:

	1a	1b	2a	2b	3a	3b
kleiner als						
0,002 mm	Spur	Spur	Spur	Spur	Spur	Spur
0,002—0,006	0,32%	Spur	Spur	Spur	Spur	Spur
0,006—0,02	0,32%	Spur	Spur	Spur	Spur	Spur
0,02 —0,06	3,23%	2,2%	0,74%	0,51%	2,1%	1,2%
0,06 —2 mm	93,9 %	96,7%	99,7%	99,1%	96,9%	97,1%
	97,77	98,9	100,44	99,61	99,0	98,3

Auch weitere Untersuchungen dieser Art zeigten immer wieder, daß die gröberen Teile stark überwiegen. ALBERT teilt in seiner Arbeit „die ausschlaggebende Bedeutung des Wasserhaushaltes für die Ertragsleistungen unserer diluvialen Sande"[1]) mit, daß der Anteil an Grobsand auch in *Bärenthoren* vielfach bis zu 80% steigt: „trotzdem ist es der bodenpfleglichen Wirtschaft des Herrn VON KALITSCH gelungen, den Humusgehalt dieser Böden allmählich derart zu steigern, daß dadurch weitgehender Ersatz für die fehlende Feinerde geschaffen werden konnte". — Solchen grobkörnigen Böden „kann im Laufe der Zeit geholfen, und ihr Nährstoffvorrat produktiv gemacht werden in dem Maße, wie es gelingen

---

[1]) Zeitschr. f. Forst- u. Jagdwesen 1924, S. 193f.

wird, ihre ungünstigen physikalischen Eigenschaften zu bessern, und hierfür kommt praktisch allein nur die allmähliche Schaffung eines ausreichenden Humusgehaltes in Frage".

Diese Humusanreicherung und ungestörte Humuszersetzung erstrebt jede pflegliche Waldwirtschaft und namentlich die Dauerwaldwirtschaft, und so verlieren für sie die Untersuchungen der Korngröße nach ATTERBERG an Bedeutung; sie sind daher für die Oberförsterei *Grimnitz* nicht weiter fortgesetzt worden.

Auch die *chemische Untersuchung* der Böden, wie sie von der Geologischen Landesanstalt ausgeführt worden ist und für die Böden Norddeutschlands in ziemlich vollständiger Weise vorliegt, hat keine ausschlaggebende forstliche Bedeutung.

Maßgebend ist das physiologische Verhalten des Bodens. Daher wurden für *Grimnitz* Untersuchungen dieser Art nach der Keimpflanzenmethode ausgeführt. Dieses Verfahren ist unseres Wissens hier zum ersten Male zur Klärung waldbaulicher Fragen angewendet und darum eingehender dargestellt worden (vgl. S. 59). Die Untersuchungen hat Dr. W. BENADE von der Geologischen Landesanstalt ausgeführt. Sie sind bisher noch nicht zahlreich genug, um ein endgültiges Urteil zu gestatten; immerhin lassen sich gewisse Vermutungen aussprechen.

Einzeluntersuchungen und Ergebnisse.

Die im folgenden mitgeteilten Untersuchungen sind ein Teil, und zwar der wesentliche Teil derjenigen Feststellungen, die ich für notwendig hielt, um der begonnenen Wirtschaftsart in der *Oberförsterei Grimnitz* eine feste Grundlage zu geben, von der ausgehend die weitere Entwicklung sicher beobachtet werden könnte. Es ist für die besprochenen Versuchsflächen beabsichtigt, in bestimmten Zeitabschnitten erneute Ermittlungen dieser Art und ergänzende Untersuchungen, wie sie im Vorwort angegeben sind, vorzunehmen und dadurch beizutragen zu einer auf *pflanzenphysiologischer Grundlage stehenden Betriebsführung im Walde.*

5. Die forstlichen Verhältnisse.

Die geologischen Verhältnisse der Oberförsterei *Grimnitz* sind dadurch gekennzeichnet, daß die Endmoräne, und zwar der *Joachimsthaler Bogen der baltischen Endmoräne*, in der nördlichen Jagenreihe des Reviers verläuft. Die Flächen, auf denen mit dem GÖRZschen Apparat gearbeitet wurde, liegen etwa 2—3 km vor, d. h. südlich der Endmoräne, und zwar sind es die Jagen 52/54 und 109/110 westlich des Werbellinsees, dieses schmalen, 60 m tiefen, 15 km langen Erosionsrisses, und das Jagen 213 östlich des Sees.

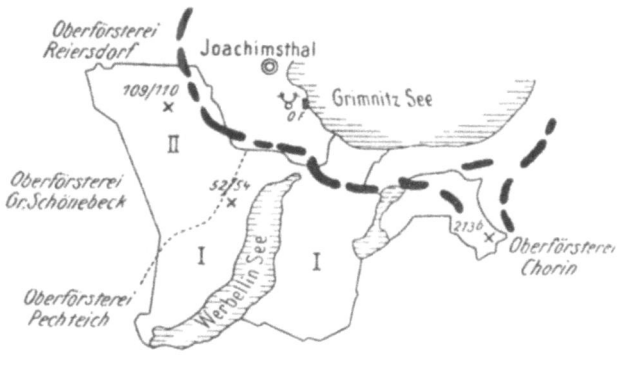

Abb. 1. Oberförsterei Grimnitz. Verlauf der Endmoräne.

Daß die Auffassung der geologischen Karte, Blatt Joachimsthal, von 1891 hinsichtlich der Verteilung des Unteren-, des Höhen- und Taldiluviums bei der gegenwärtig stattfindenden Neubearbeitung beibehalten werden wird, erscheint mir zweifelhaft; trotzdem ist die Auffassung der alten Karte mit ihren Erläuterungen im folgenden verwendet. Die geologischen Einzelheiten sind waldbaulich nur insofern von Bedeutung, als feststeht, daß „man den diluvialen Sandboden, Ober- wie Unterdiluvialen, der sich durch seinen fruchtbaren Feldspatgehalt anderen Sandböden gegenüber auszeichnet, geradezu als einen guten Waldboden bezeichnen kann". Diesen geologischen Verhältnissen entsprach die Bestockung früherer Zeiten: Im 18. Jahrhundert wuchsen beiderseits des Werbellinsees im wesentlichen Laubhölzer, unter ihnen die Traubeneiche vorherrschend; die Kiefer fehlte östlich des Sees fast ganz, westlich war sie reichlicher beigemischt und bildete im Nordwesten reine Bestände, die sog. „Große Kienheide". Das ganze Revier steht seit Jahrhunderten, namentlich aber seit Beginn des 19. Jahrhunderts, unter dem Einfluß eines starken Rotwildstandes. — Heute ist die Bestockung wesentlich verändert; die Kiefer überwiegt bei weitem, namentlich im alten Laubholzgebiet östlich des Werbellinsees. Mein Vorgänger, Forstmeister VON HÖVEL, hat während der 40 Jahre seiner Revierverwaltung die Bestände stark auf abgängiges Holz durchhauen, also großen Teiles stammweise und nicht flächenweise Hiebe ausführen lassen. Die Hiebsätze des letzten Jahrzehntes seiner Revierverwaltung sind sogar fast ganz durch stammweisen Aushieb in den Beständen erfüllt worden und waren außerordentlich hoch. Es ist daher ein zu geringer, locker stehender, aber meist gut bekronter und auch leidlich gesunder Vorrat vorhanden. Soweit der Maikäfer, dessen Fraß einen die Forstwirtschaft überhaupt in Frage stellenden Umfang in der Schorfheide angenommen hat, dies zuläßt, soll nun nach den Grundsätzen dauerwaldartiger Wirtschaftsführung an die Ergänzung und Auffüllung des Vorrates gegangen werden; die Kiefer und Traubeneiche, aber auch andere Laubhölzer werden hierzu verwendet. In den locker stehenden Kiefernbeständen konnte sich unter dem Einfluß des starken Widerstandes früherer Zeit Jungwuchs nur vereinzelt anfinden und in einzelnen Horsten halten. Auch die nun begonnene künstliche Ergänzung des Vorrates soll möglichst horstweise in den Beständen erfolgen. Aber auch flächenweiser Einbau ist begonnen in der Annahme, daß sich aus ihm im Laufe der Zeit durch Vorwüchsigkeit gewisser, vielleicht durch den Maikäfer weniger geschädigten Teile eine horstweise Bestandeszusammensetzung ergeben wird.

Auf diesen letzteren Flächen sind die Messungen mit dem GÖRZschen Apparat ausgeführt worden. Der geologischen Karte nach wurden für die Versuche die Jagen 52—54, 109—111 und 213 ausgesucht:

Nachdem Probemessungen mit dem GÖRZschen *Apparat* im Herbst 1925 brauchbare Ergebnisse gebracht hatten (vgl. S. 72), wurde am 12. April 1926 mit Messungen auf den in der Zusammenstellung (S. 34/35) näher bezeichneten Versuchsflächen begonnen. Aufzeichnungen über das Wetter der Meßzeit liegen vor. Die Arbeiten wurden von Dr. GÖRZ und mir und von den Forstreferendaren BARCKHAUSEN, HOEMANN und KRAHL-URBAN ausgeführt. Die Messungen erfolgten im Boden und im Stamm; Messungen im Stamm zeigen die Abb. 3 und 8. Die Berechnung erfolgte an Ort und Stelle im Feldbuch mit dem Rechenschieber; jede gefundene Zahl für $L-1$ ist das Ergebnis von je 4 Messungen.

Es wurden gemessen:

a) Im Jagen 54:

1. sämtliche Stämme; sie wurden mit einer laufenden Nummer und darunter der gefundenen Indexzahl versehen, z. B. $\frac{63}{J \cdot 208}$ [1]).

2. der Boden; gemessen wurde in den bearbeiteten Streifen und auf den unbearbeiteten Balken in etwa 40 m Quadratverband und laufend nummeriert;

3. die Stämme und Bodenmessungen wurden auf Millimeterpapier maßstabgerecht — unter Kennzeichnung der verschiedenen Indexhöhen durch verschiedene Farbe — aufgetragen.

b) Im Jagen 52/53:

Messungen wie zu a), 1. und 2. auf je einem 20 m breiten Streifen am Ostrand des Jagens 53 und Westrand des Jagens 52,

---

[1]) Bei den Messungen im Herbst 1925 und im Frühjahr 1926 ist noch die Zahl L, nicht $L-1$, aufgeschrieben worden; es hat sich im Laufe der Zeit wegen der leichteren quantitativen Vergleichbarkeit als zweckmäßig erwiesen, mit dem Wert $L-1$ statt L zu arbeiten. Die auf den Stämmen befindlichen Indexzahlen sind also um 1 zu vermindern, um den hier besprochenen Wert $L-1$ zu erhalten.

Einzeluntersuchungen und Ergebnisse.

Lfd. Nr.	Jagen	Flächengröße der Versuchsfläche	Bodenbeschreibung nach der geologischen Karte von 1891, Blatt Joachimsthal
1.	53 a (einschließlich eines 20 m breiten Vergleichsstreifens am Westrand Jagen 52)	16,5 ha	Unterdiluvialsand von etwa 5 ostwestlich streichenden Dünen oberen Diluvialsandes überlagert; tiefgründig, grobkörnig.
2.	54 a	13,6 ha	Meist Unterdiluvialsand, ein kurzer Dünenzug oberes Diluvium; tiefgründig; frisch, namentlich am Bruchrand.
3.	109 und 110	Zusammen 27,5 ha	Taldiluvium; mäßig frisch; tiefgründig; eben, am Ostrand abfallend.
4.	213 b	7,9 ha	Sand, tiefgründig (vgl. Anhang).

Die forstlichen Verhältnisse. 35

Masse	Holzvorrat — Güte	Erläuterungen
Derbholzfestmeter: im ganzen 2261 fm je ha 137 ,, Stammzahl: im ganzen 1173, je ha 71. Mittlere Höhe 25,3 m. Zuwachs: 1%.	Mittlerer Durchmesser: 45,2 cm. Durchmesserstufen: 18—30 2,6 qm 31—50 114,2 ,, über 50 71,8 ,, 150—170 jährige Kiefern, sehr vereinzelte Traubeneichen; meist gute Kronen; schwamm- und kienzopffrei. Langschäf- tiges, aber derb gewachsenes Holz.	Herbst 1923 Streifen 60 cm breit, 1,3 von Mitte zu Mitte, mit der Hand ab- geplappt und dem NEU- MANN-HILFschen Igel 2 bis 3 mal gegrubbert. Früh- jahr 1924 mit Kiefer, Traubeneiche und etwas Buche bepflanzt. Der 20 m breite Vergleichs- streifen am Westrand Jag. 52 ist unbearbeitet.
Derbholzfestmeter: im ganzen 1227 fm je ha 90 ,, Stammzahl: im ganzen 464, je ha 34. Mittlere Höhe 28,1 m. Zuwachs: 1,2%.	Mittlerer Durchmesser: 49,8 cm. Durchmesserstufen: 22—30 0,9 qm 31—50 34,6 ,, über 50 54,9 ,, 10 Jahre jünger als 53, trotz- dem 3 m länger, sonst wie 53.	Herbst 1923 und 1924 im Osten und Süden mit dem GEISTschen Grubber, im Westen und Norden wie 53 bearbeitet; bepflanzt wie 53.
Derbholzfestmeter: im ganzen 5456 fm je ha 198 ,, Stammzahl: im ganzen 4051, je ha 147. Mittlere Höhe 23,5 m. Zuwachs: 0,68%.	Mittlerer Durchmesser: 40,5 cm. Durchmesserstufen: 16—30 30,1 qm 31—50 376,8 ,, über 51 95,9 ,, 135—150 jährige Kiefern; zwei- mal stark von der Eule befres- sen; ästig; kurzschäftig; viel- fach schlechte Stammformen.	Herbst 1924 mit dem GEISTschen Grubber (Abbé) streifenweise bear- beitet mit Traubeneichen u. Kiefern bepflanzt; einige Buchen gesät und ge- pflanzt. Im Jag. 111 am Ost- rand ein 20 m breiter Ver- gleichsstreifen unbearbei- tet; hier 0,52% Zuwachs.
Derbholzfestmeter: im ganzen 1026 fm je ha 132 ,, Stammzahl: im ganzen 966, je ha 122. Mittlere Höhe 23 m. Zuwachs: 1,16%.	Mittlerer Durchmesser: 35,9 cm. Durchmesserstufen: 16—30 10,4 qm 31—50 83,0 ,, über 50 4,0 ,, 113 jährige Kiefern, auf Schwamm stark durchhauen, mit 17 Birken, 55 Trauben- eichen und 4 Buchen meist unterstellt. Gesamtkreisfläche des Laubholzes 2,72 qm.	Zahlreicher Jungwuchs (Kiefer und Traubeneiche) horst- und kleinflächen- weise hochwachsend; z. T. mannshoch, im Westen höher. Herbst 1925 Grabe- plätze und -streifen auf unbestockten Teilen an- gelegt und zum kleineren Teil mit Eichen bepflanzt und Buchen besät; auf den Streifen und Plätzen sehr zahlreicher Anflug.

unter Auslassen eines 2 m breiten Sicherheitsstreifens beiderseits des Gestelles.
c) Im Jagen 109/110 wie zu b).
d) Im Jagen 213b:
1. Sämtliche Bäume wie zu a) 1.
2. Bodenmessungen wie zu a), 2.; jedoch nur im unbearbeiteten Boden derart, daß die Meßstellen sowohl auf der Höhe wie in der Mulde, als auch in Jungwuchshorsten und auf Stellen mit spärlichem und ohne Anflug lagen und in der Buchung unterschieden wurden.

6. Elektro-physiologische Untersuchungen im Boden und im Baum.

Die elektrische Methode zur Feststellung des Gesamtsalzgehaltes im Boden und im Baumsaft hat besonders deswegen Eingang in der Forstwirtschaft gefunden, weil die langsame Entwicklung der Bäume erst nach langen Zeiträumen eine Beurteilung des Erfolges oder Mißerfolges forstlicher Maßnahmen gestattet, während von der vorliegenden elektrischen Messung erwartet werden konnte, daß sie in kürzeren Zeiträumen zu Resultaten führt.

Die elektrische Methode nach GÖRZ ermöglicht — bildlich gesprochen — eine Beurteilung des in Zukunft fertigzustellenden Gebäudes durch Messung der antransportierten Baustoffe, während Kluppe und Höhenmesser erst das vollendete Gebäude zu messen gestatten.

Diese „elektro-physiologische Methode", wie ich sie nennen möchte, hat sich aus der Methode der elektrischen Bestimmung der Bodenfeuchtigkeit entwickelt.

Bodenphysikalische Studien, Untersuchungen über Bodenstrukturen, über Bearbeitungsmethoden usw. erfordern stets eine Kenntnis des vorliegenden Gehaltes des Bodens an Wasser. Die alte Methode, den Wassergehalt durch Trocknen bei 105° im Trockenschrank aus der Gewichtsdifferenz zu bestimmen, ist außerordentlich zeitraubend und umständlich. Bekanntlich schwankt der Wassergehalt des Bodens schon innerhalb kleiner Flächen ganz außerordentlich, und zur Erzielung eines einigermaßen brauchbaren Durchschnittes ist es notwendig, eine große Anzahl von Proben zu entnehmen und zu untersuchen. Bei dem Studium des Einflusses verschiedenartiger Bodenbearbeitung auf den Wasserhaushalt z. B., ist es außerdem nötig, nach jedem Regen, oder auch jeder längeren Trockenheit, erneut Serien von Proben zu entnehmen, und zwar nicht nur aus der Krume, sondern auch aus dem Untergrunde. Das führt häufig zu einer derartigen Überlastung mit Wassergehaltsbestimmungen, daß der Wunsch nach einer schneller arbeitenden Methode, die den Wassergehalt des Bodens sofort an Ort und Stelle festzustellen gestattet, rege wurde.

Auf der Suche nach einer solchen Methode lag es nun nahe, zu einem elektrischen Verfahren zu greifen, da ja ganz offensichtlich die Leitfähigkeit eines feuchten Bodens eine andere als die eines trockenen Bodens sein muß. Die Schwierigkeit des Problems lag aber darin, daß der Wassergehalt für die Leitfähigkeit nicht allein maßgebend ist, sondern daß außerdem Bodentemperatur, Gehalt an gelösten Salzen und Lagerungsdichte die Leitfähigkeit beeinflussen und verändern. Der störende Einfluß dieser Faktoren mußte also erkannt und ausgeschaltet werden, um zu einer direkten Beziehung zwischen Leitfähigkeit und Wassergehalt zu kommen.

Die Messung der Temperatur macht weiter keine Schwierigkeiten. Die Lagerungsdichte spielt insofern eine Rolle, als locker gelagerter Boden natürlich eine geringere Leitfähigkeit besitzt als dicht gelagerter zwischen denselben Elektroden. Es wurde nun gefunden, daß die Leitfähigkeit eines Bodens konstant bleibt, sobald die Lagerungsdichte oberhalb eines Druckwiderstandes von 3 kg pro Quadratzentimeter liegt. Oder mit anderen Worten: 2 Bodenproben von anfangs verschiedener Lagerungsdichte, aber gleicher Temperatur, gleichem Wassergehalt und gleichem Gehalt an gelösten Salzen, haben dann die gleiche Leitfähigkeit, wenn sie mit einem Druck, der über 3 kg pro Quadratzentimeter liegt, zusammengepreßt werden.

Am meisten Schwierigkeiten machte die Bestimmung des Gesamtsalzgehaltes im Boden. Man bestimmte früher den Elektrolytgehalt des Bodens in geeichten Gefäßen mit 2 Platinelektroden bei konstanter Temperatur und konstantem Wassergehalt durch eine einfache Widerstandsmessung mit Wechselstrom, die man unter Berücksichtigung der Gefäßkapazität auf die sog. spezifische Leitfähigkeit umrechnete. Diese Methode war für das vorliegende Verfahren nicht brauchbar, da es sich hier ja gerade darum handelte, bei *wechselnder* Temperatur und *wechselndem* Wassergehalt zu messen.

Eine Salzlösung, wie sie das Bodenwasser ist, haben wir aufzufassen als zusammengesetzt aus einem nicht leitenden Medium, dem Wasser, und darin dissoziierten Salzen, die die Träger des Stromes bilden. Je mehr Salze dissoziiert sind, d. h. je höher der Salzgehalt des Wassers ist, desto besser leitet es. Schickt man durch eine solche Salzlösung Gleichstrom, so werden die Salzmoleküle ionisiert, d. h. trennen sich Anionen und Kationen z. B.:

KCl in K und Cl, oder H_2O in 2 H und 1 O,

wobei die Anionen zur Kathode und die Kationen zur Anode wandern. Dem vom $+$-Pol der Anode, zum $-$-Pol der Kathode fließenden Gleichstrom sind also die nach der Anode wandernden Kationen der ionisierten Moleküle in der Stromrichtung entgegengesetzt, d. h. der Gleichstrom muß den *Gegenstrom der Kationen* mit überwinden. Diese Gegenströme nennt man *Polarisationsströme*. Es ist also klar, daß der Gleichstrom einen höheren Widerstandswert ergeben muß als der Wechselstrom, bei dem es — da die Stromrichtung sich in einer Sekunde ca. 4000 mal ändert — zu einer Entstehung von Polarisationsströmen nicht kommen kann. Weiter ist nun leicht ersichtlich, daß der Polarisationsstrom um so stärker werden muß, je mehr Elektrolyte, d. h. Salze im Bodenwasser dissoziiert sind, d. h. die Differenz zwischen Wechselstrom- und Gleichstromwiderstand wächst mit dem Gehalt an gelösten Salzen (Tabelle 1).

Bei der Untersuchung verschieden konzentrierter KCl-Lösungen wurde z. B. gefunden:

Tabelle 1.

mg KCl im Liter	Wechselstrom-widerstand	Gleichstrom-widerstand	Prozentische Steigerung des Widerstandes
14,9	3950	4975	26%
59,6	2025	3020	49%
298,2	550	1470	167%
745,5	191	867	354%
7455,0	17,5	572	3160%

Im gleichen Sinne wie die prozentische Steigerung des Widerstandes ist natürlich auch der *Quotient* aus den Widerstandswerten für Gleich- und Wechselstrom vom Salzgehalt abhängig. Da die Bildung dieses Quotienten die einfachere Berechnungsart ist, wurde ihr der Vorzug gegeben. Der Quotient erhält die Bezeichnung: *relative Leitfähigkeit*, im Gegensatz zur spezifischen Leitfähigkeit im alten Sinne. Aus der Art, wie der Quotient berechnet wird, geht hervor, daß er 1 sein muß, wenn der Elektrolytgehalt 0 ist, denn nur dann ergibt sich keine Differenz zwischen den beiden Widerstandswerten. Praktisch kommt dies natürlich nicht vor, denn absolut elektrolytfreies Wasser gibt es nicht, aber

Tabelle 2. Unabhängigkeit der Größe $L-1$ von der Temperatur bei einem relativ **gut** leitenden Elektrolyten.

Temperatur	$L-1$	Abweichungen
50°	22,7	+ 0,35
45°	21,5	− 0,85
40°	22,9	+ 0,55
32°	22,7	+ 0,35
30°	22,6	+ 0,25
26°	22,5	+ 0,15
21°	22,5	+ 0,15
13°	21,8	− 0,55
9°	22,0	− 0,35
Mittel:	22,35	3,55

Tabelle 3. Unabhängigkeit der Größe $L-1$ von der Temperatur bei einem relativ **schlecht** leitenden Elektrolyten.

Temperatur	$L-1$	Abweichungen
21°	0,98	+ 0,02
33°	0,98	+ 0,02
42°	0,91	− 0,05
52°	0,87	− 0,09
67°	0,99	+ 0,03
77°	1,01	+ 0,05
Mittel:	0,96	0,26

es kann der Fall eintreten, daß das Wasser so elektrolytarm ist, daß die Empfindlichkeit der Apparatur zu einer Registrierung der

40   Einzeluntersuchungen und Ergebnisse.

Widerstandsdifferenz nicht mehr ausreicht. Wegen der besseren Vergleichbarkeit wird die relative Leitfähigkeit daher als $L - 1$ gegeben.

Während nun die alte Wechselstrommethode abhängig von der Temperatur war, erwies sich die neue Methode als unabhängig davon (Tabelle 2 u. 3). Die wahrscheinlichen Schwankungen des Mittels betragen in Tabelle 2: $\pm$ 0,118 = rd. 0,5% und in Tabelle 3: $\pm$ 0,016 = rd. 0,02%. Diese Unabhängigkeit erwies die Eignung der neuen Methode für den vorliegenden Zweck, um so mehr, als sich gleichzeitig ergab, daß es ebenfalls ohne Einfluß auf die Größe des Quotienten bleibt, wenn man die Elektrode mehr oder weniger tief in die Versuchsflüssigkeit eintaucht (Tabelle 4).

Tabelle 4. Unabhängigkeit der Größe $L-1$ von der Eintauchtiefe der Elektroden.

Eintauchtiefe	$L-1$	Abweichungen
5 mm	1059	+ 12,5
10 mm	1029	− 17,5
20 mm	1049	+ 2,5
30 mm	1049	+ 2,5
Mittel:	1046,5	35,0

Die wahrscheinlichen Schwankungen der Einzelbeobachtungen betragen in Tabelle 4: $\pm$ 8,54 = rd. 0,8%; die wahrscheinlichen Schwankungen des Mittels: $\pm$ 4,27 = rd. 0,4%.

KOHLRAUSCH und HOLBORN fanden bei der Untersuchung wässeriger Lösungen nach dem alten Verfahren mit Wechselstrom, daß die spezifische Leitfähigkeit nicht durchgängig der Konzentration in demselben Sinne folgt, sondern, daß sich teilweise außerordentlich komplizierte Kurven ergeben, die nicht immer gestatten, die spezifische Leitfähigkeit als Maß für die Menge der gelösten Salze zu verwenden. Beim Studium der Beziehungen zwischen der Konzentration der Lösung und der relativen Leitfähigkeit ergab sich, daß die Beziehungen zwischen diesen beiden Größen bei den im Boden vorkommenden Konzentrationen *stets eindeutig* sind. Ähnlich einfach liegen die Verhältnisse bezüglich der Beziehungen zwischen Widerstand und Wassergehalt und zwischen Widerstand und Temperatur unter sonst gleichen Bedingungen. Hinzuzufügen ist noch, daß die Bestimmung

Elektro-physiologische Untersuchungen im Boden und im Baum. 41

der relativen Leitfähigkeit, um vergleichbare Werte zu ergeben, stets bei konstanter Spannung ausgeführt werden muß. Es ist leicht einzusehen, daß die Spannung von wesentlichem Einfluß auf die Größe des Unterschiedes zwischen Wechselstrom- und Gleichstromwiderstand ist; bedeutet sie doch nichts anderes als den Druck, mit dem der Gleichstrom den ihm entgegengerichteten Polarisationsstrom überwindet. Je höher also die Spannung ist, desto geringer wird dieser Unterschied sein. Da es aber darauf ankommt, ihn möglichst deutlich zu machen, wird er entsprechend niedrig gewählt. Die Meßspannung beträgt 1,2 Volt. Sie kann mit einem in der Apparatur eingebauten Spannungsteiler leicht konstant gehalten werden. Da es bisher nicht möglich war, alle diese in ihrer *Gesamtheit* recht komplizierten Abhängigkeiten mathematisch in eine Formel zusammenzufassen, ergab sich die Notwendigkeit, für die Feuchtigkeitsmessung Einzeltabellen auszuarbeiten, die geordnet nach relativer Leitfähigkeit und Temperatur, die Beziehung zwischen Wechselstromwiderstand und Wassergehalt graphisch darstellen.

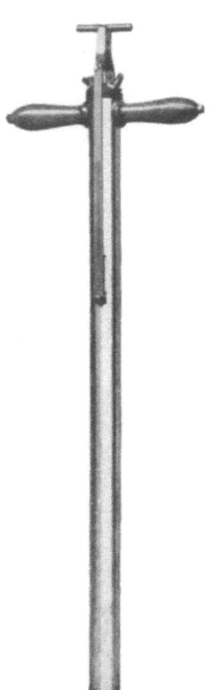

Abb. 2. Die Bodenelektrode „Der Spaten".

Diesen Zusammenhängen trägt nun das in den Abb. 2 und 3 wiedergegebene Meßgeräte in folgender Weise Rechnung:

Die Elektrode, der sogenannte Spaten (Abb. 2) besteht aus einem zylindrischen Stahlrohr von 40 mm lichter Weite, das den einen Pol darstellt. In seiner Mitte befindet sich eine Stahlnadel, die den anderen Pol bildet. Diese konzentrische Anordnung gewährleistet einen festbegrenzten Stromverlauf. Es war ferner notwendig, der Elektrode diese Größe zu geben, um zur Ausschaltung des Einflusses der Lagerungsdichte den Boden einem

Druck von über 3 kg pro qcm aussetzen zu können. Zu diesem Zweck ist in dem Stahlrohr verschiebbar ein Hartgummistempel angeordnet, der die Elektrode nach oben abschließt. Der Querschnitt der Elektrode beträgt also rund 12 qcm; rechnet man mit einem zur Wirkung kommenden Gewicht des Versuchsanstellers

Abb. 3. Das Meßgerät.

von 50—60 kg, so wird der Boden mit einem Druck von 4—5 kg pro qcm in die Elektrode hineingepreßt. Die Elektrode selber ist aus nichtrostendem Stahl (Kruppschem V_2A-Stahl) angefertigt, der neben seinen sonstigen Vorzügen noch den Vorteil hat, ein für elektrolytische Messungen recht geeignetes Material zu sein.

Zu Beginn der Messung drückt man den Spaten an seinen beiden Griffen, nachdem man die oberste Bodenschicht mit dem Fuße etwas geebnet hat, so weit man kann, in den Boden. Der

Spaten dringt dabei, je nach der Lagerungsdichte des Bodens, mehr oder weniger tief ein. Im allgemeinen erhält man bei normalen, nicht zu festen Waldböden in der Elektrode eine Durchschnittsprobe der obersten 10—20 cm der Krume. Will man in größerer Tiefe messen, so ist mit einem Tellerbohrer vorzubohren, oder der Boden auszuheben. Das Entfernen der gemessenen Probe aus dem Spaten geschieht durch Hinunterschieben des Hartgummistempels an dem über dem Griffe befindlichen kleinen Quergriffe.

Nachdem so durch das In-den-Boden-Drücken des Spatens eine Bodenprobe gewissermaßen abgewogen und für die weiteren Untersuchungen vorbereitet ist, erfolgt zunächst die Bestimmung der relativen Leitfähigkeit, mit dem in Abb. 3 wiedergegebenen Meßgerät. Aus zwei Wechselstrom- und zwei Gleichstrommessungen, die hintereinander mit vertauschten Polen ausgeführt werden, ergibt sich der Quotient, die relative Leitfähigkeit. Das Vertauschen der Pole ist bei einer so geformten Elektrode nötig, da die Flächen der Anode und Kathode sehr verschieden sind, und die Polarisation ja von der Größe der Elektrodenoberfläche abhängt. Nachdem noch die Temperatur des Bodens festgestellt worden ist, findet man in den zum Apparat gehörenden Tabellen, unter Berücksichtigung der gefundenen Leitfähigkeit und Temperatur, den dem gemessenen Wechselstromwiderstandswert entsprechenden Wassergehalt.

Es muß hier eingefügt werden, wie diese Tabellen gewonnen wurden.

Sie dadurch zu gewinnen, daß man die, bezüglich ihrer relativen Leitfähigkeit verschiedenartigsten, Böden bei wechselnden Temperaturen von Prozent zu Prozent befeuchtet und dann mißt, hat sich als nicht durchführbar erwiesen.

Befeuchtet man nämlich im Laboratorium einen lufttrockenen Boden mit destilliertem Wasser und mißt seine relative Leitfähigkeit, so stellt man fest, daß sie vom Moment der Befeuchtung an ständig wächst und erst nach langer Zeit einen konstanten Wert erreicht, weil nach dem Zusatz von destilliertem Wasser, das ja verhältnismäßig elektrolytfrei ist, fortgesetzt Elektrolyte aus den kolloiden Teilen des Bodens in die Flüssigkeit hinein diffundieren. Bei einem schweren und nährstoffreichen Boden pflegt diese Konstanz erst nach ca. einem Monat einzutreten. Infolgedessen würde man bei steigenden Gaben von Wasser zu demselben Boden jedesmal bei einer anderen relativen Leitfähigkeit messen, woraus sich natürlich Fehler ergeben müssen. In der Natur liegen die Verhältnisse insofern anders, als hier ein Gleichgewicht zwischen Bodenlösung und Boden existiert, das durch Regen oder Trockenheit kaum beeinflußt wird. Untersuchungen in dieser Richtung haben ergeben, daß die relative Leitfähigkeit frisch beregneten Bodens zwar etwas sinkt, daß aber der Ausgleich zur ursprünglichen Größe schon nach allerkürzester Zeit eintritt. Ebenso verändert Trockenheit durch Entzug von Wasser diese Größe nicht. Man hat sich das so vorzustellen, daß die Kolloide des Bodens als Regulatoren wirken, die bei Vermehrung des Wassers Elektrolyte an die Lösung abgeben, bei Verminderung aus ihnen aufnehmen. Man erkennt leicht, daß diese Regulierung Vorbedingung für jedes Pflanzenwachstum sein muß, weil diese nicht imstande wären, allen vorkommenden Salzkonzentrationen von der stärksten Verdünnung bis zur größten Konzentration ohne Schaden zu folgen. Sie müßten bei eintretender außerordentlicher Verdünnung plötzlich und schnell ihre Wurzelmasse vermehren, um durch Vergrößerung der Oberfläche genügend Nährstoffe zu erlangen, und müßten sich bei hohen Konzentrationen gegen Vergiftung bzw. osmotischen Wasserentzug schützen. Ferner ist von der Natur insofern vorgesorgt, als z. B. die kolloidärmsten Böden, bei denen eine Gefahr allzurascher Verdünnung besteht, gleichzeitig die durchlässigsten sind, also die, die überschüssiges Wasser am schnellsten nach unten abführen. Es besteht also eine außerordentlich sinnreiche Wechselbeziehung zwischen Kolloidreichtum und Durchlässigkeit.

Je reicher ein Boden an Kolloiden ist, desto eher ist er in der Lage Konzentrationsänderungen auszugleichen und desto weniger Wasser läßt er durch. Und, je weniger ein Boden in der Lage ist, Konzen-

trationsunterschiede auszugleichen, desto mehr Wasser läßt er durch, beides eben aus Mangel an Kolloiden.

RAMANN schreibt in seiner Bodenkunde (II. Auflage 1905, S. 28) über diesen Punkt folgendes:

„Bei viel Wasser gehen mehr Salze in Lösung, die Wurzeln sind also nicht gezwungen, ihren Bedarf aus sehr nährstoffarmen Flüssigkeiten zu decken, und beim Austrocknen des Bodens werden die Salze gebunden. Es wird dadurch einer schädigenden Wirkung zu starker Lösungen vorgebeugt."

Hieraus ergab sich also für die Ausarbeitung der Tabellen die Notwendigkeit, die Bodenproben in ihrem natürlichen Feuchtigkeitszustand zu entnehmen, ihre Leitfähigkeit und Temperatur zu messen und dann in Trockenschrank den Wassergehalt in Gewichtsprozenten zu bestimmen.

Es lag nun nahe, die relative Leitfähigkeit als solche unter den verschiedensten Bedingungen zu betrachten, und sie als eine für den Nährstoffhaushalt des Bodens charakteristische Größe mit der Wuchsfreudigkeit von Pflanzen direkt in Beziehung zu bringen. Diese Zusammenhänge mußten naturgemäß auf Böden, die vom Menschen am wenigsten beeinflußt sind, am augenfälligsten sein. Waldböden, die selten bearbeitet und frei von künstlichen Düngemitteln sind, waren also für derartige Untersuchungen besonders brauchbar. So wurden 1924 von GANSSEN u. GÖRZ in dem bezüglich seines Bodens verhältnismäßig einheitlichen Revier Friedeholz der Oberförsterei Syke die ersten Untersuchungen nach dieser Richtung ausgeführt. Es ergaben sich hier — wie weiter unten gezeigt werden soll — eindeutige Beziehungen zwischen dem Gehalt des Bodens an leichtlöslichen Salzen und der Wuchsfreudigkeit der Bäume. Ein weiterer Schritt vorwärts ergab sich durch die Anregungen des Assistenten am Botanischen Institut der Forstlichen Hochschule Eberswalde Dr. LIESE, außer im Boden die *Leitfähigkeit des Saftstromes im Kambium des Baumes* festzustellen.

Die Messung im Baume selbst erfolgt in der Weise, daß eine als Doppelmesser ausgebildete Elektrode (siehe Abb. 4) senkrecht zur Richtung der Saftbahn in den Baum eingeschlagen wird. Die beiden übereinanderliegenden Messer schneiden also gewissermaßen aus einem Kabel ein Stück zur Untersuchung heraus. Wegen des großen Unterschiedes zwischen der Leitfähigkeit des Gewebes und ihrem Flüssigkeitsinhalt ist es hier *nicht* notwendig, eine konzentrische Elektrode zu wählen, sondern es genügen die erwähnten Messer, zwischen denen eben infolge der Eigenart des untersuchten Materials ein gut definierter Stromverlauf gewährleistet ist. Analog der Unabhängigkeit des Quotienten von der Eintauchtiefe der Elektroden, hat eine wechselnde Dicke des Kambiums oder eine verschiedene Einschlagtiefe keinen Einfluß auf das Resultat der Messung. Diese Tatsache war besonders wichtig, da es hier außerordentlich schwierig ist, jedesmal mit genau dem gleichen Querschnitt der Elektrode zu arbeiten. Andererseits ist jedoch zu beachten, daß sich die relative Leitfähigkeit mit dem *Alter* der Bäume unter sonst gleichen Bedingungen ändert, in der Weise, daß junge Stämme eine viel höhere Leitfähigkeit zeigen als ältere. Diese Erfahrung stimmt mit der Tatsache überein, daß der prozentische Zuwachs mit dem Alter des Baumes in der Regel abnimmt. Es muß also bei Vergleichs-

Abb. 4. Die Baumelektrode.

untersuchungen auf gleiches Alter der Bäume geachtet werden. Da die relative Leitfähigkeit im Stamm nach der Krone hin zunimmt, ergibt sich vielleicht die Möglichkeit, bei Vergleichen die Altersunterschiede durch Höher- oder Tieferlegen der Meßstelle auszugleichen, jedoch bedarf es hierzu noch eingehender Untersuchungen und physiologischer Studien. Der Einfluß der *Jahreszeit* ist nach unseren bisherigen Messungen relativ klein. Der Unterschied zwischen Messungen im Juli und Oktober im Revier Syke betrug im Durchschnitt $L - 1 = 0{,}025$ zugunsten der Julimessungen.

Mit diesen beiden Geräten, der Boden- und Baumelektrode, konnte nun an die Lösung der verschiedenartigsten, pflanzenphysiologischen und waldbaulichen Fragen herangetreten werden. Diese Untersuchungen teilen sich in zwei große Abschnitte:

1. Die Bestätigung bekannter waldbaulicher Erscheinungen durch die Untersuchungsergebnisse und somit eine Bestätigung der Anwendbarkeit der Methode als solcher, und

2. die Lösung bisher nicht geklärter waldbaulicher Fragen.

Zu der ersten Gruppe gehört z. B. die Feststellung der Unterschiede zwischen gut ausgeformten freistehenden Bäumen und unterdrückten schlechtwüchsigen und ähnliches (Syke und Stibbe).

Zur zweiten Gruppe gehört z. B. die Beantwortung der Frage, ob eine Bodenbearbeitung auf das Wachstum und den Zuwachs der Hölzer einen günstigen Einfluß ausübt (Bärenthoren und Grimnitz).

Im folgenden seien noch einmal die Resultate früherer Arbeiten auf diesen Gebieten, die an verschiedenen Stellen veröffentlicht worden sind (s. Literaturverzeichnis), zusammengestellt.

a) **Untersuchungen im Revier Syke bei Bremen (veröffentlicht in den Mitteilungen aus den Laboratorien der Preuß. Geolog. Landesanstalt, Heft 5, 1926), von GANSSEN und GÖRZ.**

Es waren in diesem Gebiet zunächst chemische Bodenanalysen ausgeführt worden, die dann im Oktober 1924 durch die elektrischen Messungen ergänzt und bestätigt wurden. Sie brachten den erwarteten engen Zusammenhang der relativen Leitfähigkeit (bzw. des Gehaltes an leicht löslichen Nährstoffen) des Bodens und der relativen Leitfähigkeit des Baumsaftes mit der Wüchsigkeit der Holzarten. Es wurde in der Weise verfahren, daß zunächst mehrere Bodenprofile untersucht und deren relative Leitfähigkeit und (später) Azidität bestimmt wurden. Da die wenig mächtige Rohhumusschicht durchweg stark sauer war, wurde das Hauptgewicht auf die Untersuchung der erheblich stärkeren Schicht des mineralischen Untergrundes gelegt, dessen Nährstoffgehalt die des Rohhumus wesentlich überstieg. Sodann erfolgte die Auswahl relativ gutwüchsiger, relativ wüchsiger und relativ geringwüchsiger Vertreter jedes zur Untersuchung kommenden Bestandes, dessen Wüchsigkeit in seiner Gesamtheit ebenfalls festgestellt wurde. Bei der Bewertung des letzteren wurden die 5 folgenden Gruppen geschaffen:

1. = gutwüchsig;
2. = wüchsig;
3. = geringwüchsig;
4. = stillstehend;
5. = zurückgehend.

Von den ausgewählten einzelnen Bäumen wurde dann die relative Leitfähigkeit des Baumsaftes bestimmt, einmal um deren Abhängigkeit von den verschiedenen Graden der Wüchsigkeit der einzelnen Stämme je nach der Lage ihres Standortes und weiter von der relativen Leitfähigkeit des Bodens zu erfahren.

Bei der Einreihung in die verschiedenen Grade der Wüchsigkeit ergaben sich gewisse Schwierigkeiten. Wir beabsichtigten, die Wüchsigkeit der einzelnen Bäume nicht innerhalb des auf gleichem Boden stockenden Gesamtbestandes miteinander zu vergleichen, sondern auch mit denjenigen der Bestände benachbarter Böden. Sollte hierbei der Einfluß scharf zum Ausdruck kommen, so konnten zwei Wege eingeschlagen werden:

1. Die Untersuchung des Gesamtbestandes und Ermittlung des Durchschnitts (später in Grimnitz durchgeführt); und
2. die Ermittlung des Durchschnitts der herausgesuchten

relativ gutwüchsigen, wüchsigen und geringwüchsigen Vertreter, wie es geschehen ist. Dann durfte jedoch nicht der Grad der Wüchsigkeit gutwüchsiger Bestände bei der Beurteilung geringwüchsiger Bestände maßgebend sein.

Wir konnten also z. B. die relativ bestwüchsigen Kiefern eines stillstehenden Bestandes auf Grund ihrer tatsächlich nur geringen Wüchsigkeit nicht als wüchsig oder geringwüchsig bezeichnen, sondern mußten sie *relativ gutwüchsig* nennen, weil sie innerhalb des zugehörigen Gesamtbestandes tatsächlich relative gute Wüchsigkeit zeigten.

Die Beurteilung der einzelnen Bäume bezüglich ihrer Wüchsigkeit mußte somit eine *relative* sein, um den Einfluß des Bodens bzw. seines Gehaltes an leichtlöslichen Nährstoffen schärfer hervortreten zu lassen.

Bei manchen Beständen, vor allem geringwüchsigen, ließ sich aber die Einordnung in die drei Gruppen nicht durchführen. Bei diesen sind dann nur die Gruppen „relativ gut und relativ geringwüchsig" zur Auswahl und Untersuchung gekommen.

Die Acidität des mineralischen Untergrundes der Syker Böden in KCl-Lösung war fast durchweg hoch. Der p_H-Wert bewegte sich im Durchschnitt zwischen 4 und 5, die Reaktion der Böden war also als sauer zu bezeichnen. Zuweilen stieg sie im oberen Teile des Profils noch höher: $p_H = 3 - 4$. Nur der Boden des Jagens 140 mit geringwüchsigen Buchen und Kiefern zeigte fast in allen Teilen eine geringere Acidität ($p_H = 5,7 - 5,3 - 4,8$). Hier war aber anscheinend neben der ungünstigen Lage auf kleiner Kuppe der Nährstoffgehalt für die anspruchsvollere Buche zu gering (relative Leitfähigkeit des Bodens $L - 1 = 0,17$), worauf auch die niedrige relative Leitfähigkeit des Baumsaftes der Buche mit 0,85 (auf guten Böden 1,09!) hindeutete. An Hängen und in Senken stieg der Nährstoffgehalt des Bodens ($L - 1 = 0,19 - 0,36$) gelegentlich so, daß auch höhere Acidität nicht mehr zu schädigen vermochte. Von Kiefern überstellte

Buchen zeigten geringere Leistungen ($L - 1 = 0{,}83$) als gleichaltrige Buchen ($L - 1 = 0{,}99$), bei denen vor 3 Jahren die Kiefern herausgehauen worden waren. Bei Kiefern auf nährstoffarmen Böden ($L - 1 = 0{,}02 - 0{,}04 - 0{,}06$) rief die Nährstoffarmut zusammen mit der Acidität Wachstumsstillstand hervor. Die Wuchsleistungen verbesserten sich mit zunehmendem Nährstoffgehalt bei benachbarten Böden ($L - 1 = 0{,}11 - 0{,}15 - 0{,}17 - 0{,}19 - 0{,}22$). In ähnlicher Weise und mit Resultaten in demselben Sinne wurden noch Fichte, Eiche und Lärche untersucht. Zusammenfassend konnte gesagt werden, daß bei einem Vergleich der forstlichen Bewertung des Gesamtbestandes mit der relativen Leitfähigkeit im Boden und Baume durchgehend eine gute Übereinstimmung bei allen untersuchten Holzarten gefunden worden war. Je besser die Bewertung war, desto höher war die relative Leitfähigkeit bzw. der Gehalt an leichtlöslichen Nährstoffen des Bodens. Geringe Abweichungen sind durch den Einfluß anderer Faktoren wie Lage des Standortes, Acidität des Bodens usw. bedingt. Was speziell die Bestimmung der relativen Leitfähigkeit im Baumsaft angeht, so wurde folgendes gefunden:

1. (Nach den ersten Untersuchungen des Herrn Dr. LIESE, Eberswalde.) Das Verhalten der durch Forleulenfraß geschädigten Kiefern bewies, daß die relative Leitfähigkeit des Baumsaftes leicht auf die der Kiefer zugefügte Schädigung reagiert.

2. (Im Zusammenhang mit den Messungen in Syke.) Mit steigendem Gehalt an leichtlöslichen Nährstoffen im Boden besserte sich die durch die relative Leitfähigkeit des Baumsaftes angezeigte Wüchsigkeit des Gesamtbestandes stetig.

Auch der Bodenflora konnte ein deutlicher Einfluß auf die Zusammensetzung des Baumsaftes zugeschrieben werden. Der Baumsaft von Kiefern auf Böden ohne wesentliche Bodenflora zeigte z. B. die relative Leitfähigkeit $L - 1 = 0{,}88$, der von Kiefern auf Böden mit starker Nadel- und Moosdecke eine solche von 0,82 und schließlich auf einem Boden mit starker anspruchsvoller Beerkrautdecke nur eine solche von 0,75. Es konnte somit gefolgert werden, daß die relative Leitfähigkeit des Baumsaftes in starkem Maße von allen Faktoren beeinflußt wird, die auch auf die Wüchsigkeit eine fördernde oder hemmende Wirkung besitzen. Hierher gehören Nährstoffgehalt des Bodens, Belichung, Überhöhung, Bestandesdichte, teilweiser Entzug der Nährstoffe, Bodenflora und andere Faktoren.

b) **Untersuchungen in der Umgebung von Bärenthoren im Frühjahr 1925.**
(Zeitschrift für Forst- und Jagdwesen Heft 5, Mai 1926, WIEDEMANN „Die Kiefernnaturverjüngung in der Umgebung von *Bärenthoren"*) von WIEDEMANN und GÖRZ.

Es wurde hier versucht, aus der relativen Leitfähigkeit des Bodens einen Schluß auf die Abhängigkeit der Anflugfähigkeit vom Nährstoffgehalt des Bodens zu ziehen. Es wurde gefunden, daß in der obersten Mineralbodenschicht die Meßzahl bei verjüngungsfreudigen Böden fast stets über $L - 1 = 0{,}3$ oft sogar über 0,4 liegt.

Bei den Böden mit schlechter Verjüngung sind die Zahlen meist viel niedriger, größtenteils unter 0,2. Auffallend tief sind die Zahlen bei den trocknen armen Sanden, bei denen geringer Gehalt an Nährstoffen und an Wasser zusammentreffen, und auf den Trockentorfböden.

c) **Studien über die Abhängigkeit der Wurzelausbildung der Kiefer vom Bodenprofil im Revier Stibbe/Grenzmark des Herrn W. BENNECKE.**
von GÖRZ und ST. H. BENNECKE
(bisher unveröffentlicht).

Im Zusammenhang mit der Frage der Möglichkeit der Naturverjüngung wurde hier an einigen Beispielen die Ausbildung der Wurzeln in ihrer Abhängigkeit vom Bodenprofil und seinem Gehalt an leichtlöslichen Nährstoffen untersucht.

Abb. 5. zeigt das Wurzelsystem einer jungen Kiefer. Das Bodenprofil weist unter einer schwachen Trockentorfdecke zu-

52   Einzeluntersuchungen und Ergebnisse.

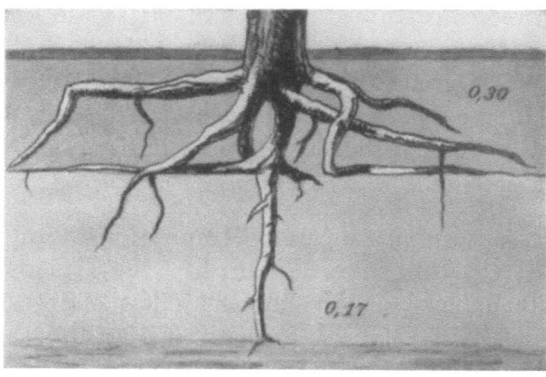

Abb. 5. Bildung einer schwachen Pfahlwurzel und starker Kronenwurzeln. Der Gehalt an wasserlüslichen Nährstoffen nimmt im Untergrunde stark ab.

nächst eine Zone schwach lehmigen-humosen Sandes von 30 cm Mächtigkeit auf, darunter schwach eisenschüssigen-kiesigen Sand von 55 cm Mächtigkeit und schließlich stark eisenschüssigen, stark kiesigen Sand. Es wurde gefunden, daß die oberste Schicht, die den größten Teil der Kronenwurzeln enthält, eine Leitfähigkeit von $L - 1 = 0{,}3$ aufweist, und daß die darunter liegende Schicht nur noch $L - 1 = 0{,}17$ hat. Es ist außerordentlich deutlich, daß

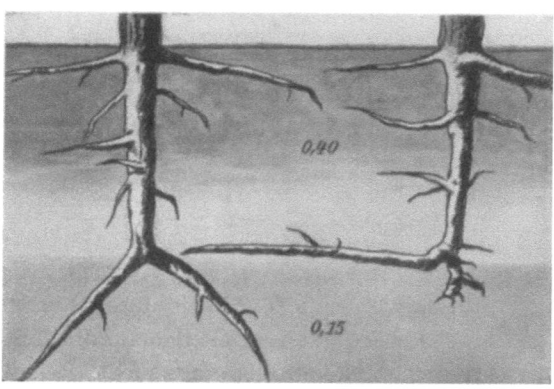

Abb. 6. Bildung von Pfahlwurzeln, gehemmt durch kiesigen Sand im Untergrunde. Der Gehalt an wasserlöslichen Nährstoffen ist in der starken Oberkrume sehr erheblich höher als im Untergrunde.

Elektro-physiologische Untersuchungen im Boden und im Baum. 53

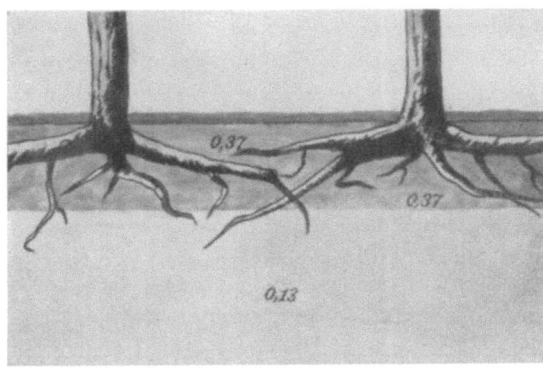

Trockentorfdecke

schwach lehmiger, humoser Sand

schwach eisenschüssiger, stark kiesiger Sand

Abb. 7. Ausschließliche Bildung von Kronenwurzeln. Der Gehalt an wasserlöslichen Nährstoffen ist in der Oberkrume erheblich höher als im Untergrunde.

die Kronenwurzeln, die sich fast ausschließlich in der nährstoffreichsten Zone aufhalten, ganz augenscheinlich ein Eindringen in die nährstoffärmere und kiesige Schicht scheuen. Nur die schwach ausgebildete Pfahlwurzel durchdringt sie, verkient aber auch dort, wo sie auf die ungünstigsten Verhältnisse, den stark eisenschüssigen, stark kiesigen Sand stößt.

Abb. 6 zeigt günstigere Verhältnisse der obersten Schicht: schwach lehmigen, in der obersten Zone humosen Sand mit ganz

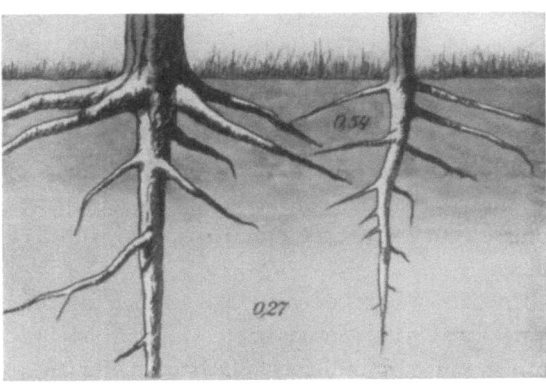

schwach lehmiger, humoser Sand

übergehend in

schwach lehmigen Sand

Abb. 8. Normal ausgebildetes Wurzelwerk mit guten Pfahlwurzeln. Der Gehalt an wasserlöslichen Nährstoffen ist sowohl in Oberkrume als auch im Untergrunde recht hoch.

schwacher Trockentorfdecke bis 40 cm Tiefe, darunter schwach eisenschüssigen, stark kiesigen Sand. Die jungen Kiefern bildeten zunächst recht gute Pfahlwurzeln, die aber im Wachstum beim Auftreffen auf den stark kiesigen Sand gestört worden sind. Wieder ist die Oberschicht die weitaus nährstoffreichere, mit $L - 1 = 0{,}40$ gegenüber $0{,}15$ im Untergrund.

Abb. 7 zeigt die am schlechtesten ausgebildeten Wurzeln. Die ausschließlich vorhandenen Kronenwurzeln halten sich nur in der nährstoffreichen Schicht ($L - 1 = 0{,}37$) schwach lehmigen-humosen Sandes auf, ohne nennenswert in die ausgesprochen nährstoffarme ($L - 1 = 0{,}13$!) darunter lagernde Schicht schwach eisenschüssigen, stark kiesigen Sandes einzudringen.

Abb. 8 endlich bringt das günstigste Bodenprofil. Der Boden geht ohne Schichtung von schwach lehmigem-humosen Sand in schwach lehmigen Sand über. Er ist in der Oberkrume recht nährstoffreich ($L - 1 = 0{,}54$!), auch im Untergrund nicht arm ($L - 1 = 0{,}27$), zeigt infolgedessen keine Bildung von Trockentorf und ein Wurzelsystem, das als durchaus normal anzusprechen ist.

d) **Untersuchungen im Staatsrevier Grimnitz in der Uckermark.**

Nachdem im Herbst 1925 einige Voruntersuchungen mit günstigen Ergebnissen (Resultate siehe weiter unten) ausgeführt worden waren, erfolgte im Frühjahr 1926 eine eingehende Untersuchung. Die forstlichen Grundlagen und die praktische Auswertung der Resultate werden an anderer Stelle besprochen, so daß die Ergebnisse nur hier theoretisch und prinzipiell betrachtet werden sollen.

Es muß noch erwähnt werden, daß es sich in der Zwischenzeit als zweckmäßig erwiesen hatte, in dem Meßgerät neben dem bisherigen ein empfindlicheres Galvanometer zu verwenden, um den Ablesungsfehler der Apparatur zu reduzieren. (Siehe Abb. 3, rechts).

Elektro-physiologische Untersuchungen im Boden und im Baum. 55

Es sind im ganzen ausgeführt worden:

		Baum-untersuchungen	Boden-untersuchungen
im Jagen 54		439	
,, ,, 53		72	
,, ,, 52		74	
,, ,, 53	(Streifen)		17
,, ,, 53	(Balken)		17
,, ,, 52			20
,, ,, 110		66	
,, ,, 111		119	
,, ,, 54	(Streifen)		79
,, ,, 54	(Balken)		79
,, ,, 213 b Fläche 1	297		
,, 2	146		
,, 3	160		20
,, 4	178		
,, 5	179		
Sa.:	1730	232	

Abb. 9 zeigt eine Baummessung im Revier Grimnitz.

Abb. 9. Elektrische Baummessung.

Die Messungen werden zweckmäßigerweise von zwei Herren ausgeführt, von denen der eine mißt, während der andere die Werte notiert. Wenn man noch einen Waldarbeiter zur Verfügung hat, der die Apparatur weitersetzt, den Baum anrötet, die Elektrode einschlägt und die Bäume numeriert, so beschleunigt das die Arbeiten wesentlich. Bei leidlicher Übung bringt man es auf 100 und mehr Stammessungen pro Tag. Es empfiehlt sich, mit blauer Kreide außer der Stammnummer die Meßzahl gleich mit an den Stamm selber zu schreiben. Das gibt die Möglichkeit, bei Exkursionen u. ä. die Meßzahl mit zur Beurteilung des Baumes heranziehen zu können und erleichtert bei späteren Beobachtungen das Wiederauffinden usw.

Die Bodenmessungen im Jagen 54 wurden auf einem Netz im Abstande von 40 m durch das Jagen gelegt. Der besseren Übersicht wegen wurden ferner auch die Baummessungen des Jagens 54 in eine Karte eingetragen, was die Ausscheidung besonderer Wuchsflächen sehr erleichterte.

Bei der Auswertung der Resultate wurde folgendermaßen vorgegangen: Zunächst wurden die Durchschnitte und dann die wahrscheinliche Schwankung bei einer Wiederholung der Messung berechnet.

Es herrschen Zweifel darüber, ob man berechtigt ist, die Fehlerwahrscheinlichkeitsrechnung auf derartige Untersuchungen anzuwenden. Der Einwand, der gemacht werden kann, ist folgender: Die wahrscheinlichen Schwankungen des Mittels aller Beobachtungen beziehen sich lediglich auf die Unzulänglichkeit der Methode, nicht aber auf die individuellen Schwankungen der untersuchten Pflanzen. PFEIFFER (Der Vegetationsversuch) sagt: ,,Die Summe der Winkel eines Dreiecks beträgt zwei Rechte. Wenn wir bei der Nachmessung der Winkel große Abweichungen finden, so liegt dies entweder an unseren Instrumenten oder an einer falschen Methode des Messens, in jedem Falle wissen wir, daß ein anderes Resultat als zwei Rechte fehlerhaft ist. Es handelt sich um einen wahren Beobachtungsfehler".

Einen zweiten Fall charakterisiert er so: ,,Anders liegen die

Verhältnisse, wenn wir einen Gewichtssatz auf verschieden empfindlichen Wagen wägen. Wir werden hier vielleicht jedes Mal ein anderes Resultat erhalten, aber wir werden nicht sagen können, welches der wirkliche Wert, das tatsächliche Gewicht ist. Die Abweichungen, die wir erkennen, sind darum auch keine wahren, denn das Wahre steht ja gar nicht fest, sondern nur scheinbare".

In beiden Fällen schwankt das Ergebnis je nach Empfindlichkeit der Instrumente mehr oder minder um einen Mittelwert. In beiden Fällen aber liegt die Schwankung nur auf der Seite der Methode, nicht auf der Seite der zu untersuchenden Materie. Überträgt man diese Verhältnisse z. B. auf den Feldversuch, so bekommt man zwei Schwankungen hinein, einmal auf der Seite der Messung und zweitens auf der Seite der Materie, da sie nicht in einem Exemplar, sondern in vielen Exemplaren vorhanden ist. Auf die Baummessungen angewandt, haben wir also die Schwankungen ebenfalls zweimal, einmal bei der Grenze der Beobachtungsgenauigkeit der Apparatur und zweitens in den Bäumen, die als Individuen untereinander abweichen.

Es kann hier also nur die Frage interessieren, innerhalb welcher Grenzen wir bei einer Wiederholung des Versuches das gleiche Resultat finden.

Es ist klar, daß die Wahrscheinlichkeit das gleiche Ergebnis unter gleichen äußeren Bedingungen wieder zu erreichen, für das Durchschnittsresultat eines Jagens erheblich größer ist, als für den einzelnen Baum. Aus diesem Grunde sind die bei einer Wiederholung wahrscheinlich eintretenden Abweichungen versuchsweise für die vorliegenden Untersuchungen berechnet worden. Ich möchte an dieser Stelle nicht versäumen, den Herren stud. geod. BENNO SCHEWIOR und HELMUT SCHMIDT für die umfangreiche geleistete Arbeit meinen besten Dank auszusprechen. Die Schwankungen des Mittels werden natürlich um so kleiner, je größer die Anzahl von Einzeluntersuchungen ist. Sie schwanken bei den vorliegenden Messungen zwischen $\pm$ 0,02 und $\pm$ 0,0063. Bei fast allen Messungen liegt die wahrscheinliche Schwankung weit unterhalb der Differenz der Vergleichmessung, nur in einem Falle, im Jagen 213b, ist die Differenz zwischen zwei Resultaten gleich der wahrscheinlichen Schwankung.

Schließlich wäre noch die Frage zu beantworten, wie groß die Genauigkeit der Apparatur allein ist, oder mit anderen Worten, wie groß die Wahrscheinlichkeit ist, bei einem genau definierten Elektrolyten die gleiche Meßzahl bei einer Wiederholung zu finden.

In den Tabellen 2, 3 und 4 sind die wahrscheinlichen Schwankungen des Mittels schon mit berechnet und angegeben worden. Die wahrscheinlichen Schwankungen betragen, wie auch sonst noch festgestellt worden ist, bei ca. 10 Messungen im ungünstigsten Falle rund $1/2\%$ des Mittelwertes. (Bei den Forstmessungen ist der Ablesungsfehler der Apparatur in den berechneten Schwankungen mit enthalten.)

Tabelle 5. Quantitative Beziehung zwischen $L-1$ und Gesamtsalzgehalt bei einigen Grundwässern, zum Teil interpoliert.

$L-1$	mg im Liter
0,12	10,6
0,16	15,2
0,20	20,0
0,30	32,5
0,40	46,5
0,50	61,0
0,60	76,0
0,70	92,0
0,80	108,0
0,90	124,0
1,00	140,0
1,10	158,0
1,20	176,0

Um zum Schluß noch eine Übersicht über die Beziehungen zwischen der Größe $L-1$ und dem Gesamtsalzgehalt im Bodenwasser zu geben, sei noch Tabelle (5) angefügt:

Diese Werte wurden in der Weise gewonnen, daß bei verschiedenen Grundwässern, die innerhalb eines kleinen Gebietes an mehreren Stellen entnommen waren, die Größe $L-1$ gemessen und der Gesamtsalzgehalt durch Eindampfen und Wägen des Rückstandes bestimmt wurde. Diese Tabelle soll nur einen *Anhalt* über die *Größenordnung* geben, kann aber wegen der Verschiedenheit der im Bodenwasser gelösten Salze und ihrer wechselnden Leitfähigkeit keinen Anspruch auf Verallgemeinerung machen.

7. Bodenuntersuchungen nach der Keimpflanzenmethode.

a) Die theoretischen Grundlagen des Verfahrens.

Wie aus den vorigen Ausführungen zu entnehmen ist, ergab sich ein Zusammenhang des Gehaltes an leichtlöslichen Salzen im Boden mit der Wuchsfreudigkeit der Bäume und mit der Konzentration der Elektrolyte im Baumsaft. Da lag es nahe, auch noch eine neuere Bodenuntersuchungsmethode zum Vergleich mit heranzuziehen, durch die ebenfalls die leichtlöslichen Bodennährstoffe ermittelt werden sollen. Es ist dies die auf pflanzenphysiologischer Grundlage beruhende Methode von NEUBAUER.

Die grundlegende Arbeit über das Verfahren mit genauer Arbeitsvorschrift findet sich in der Zeitschrift für Pflanzenernährung und Düngung 1923, Teil A, S. 343. In den folgenden Jahrgängen dieser Zeitschrift, sowie in den Landwirtschaftlichen Jahrbüchern und Landwirtschaftlichen Versuchsstationen finden sich eine ganze Reihe von Abhandlungen über die Brauchbarkeit des Untersuchungsverfahrens für die landwirtschaftliche Praxis, deren Ergebnisse dahingehend zusammengefaßt werden können, daß die Methode nach NEUBAUER ein wertvolles, wenn auch noch nicht vollkommenes, Hilfsmittel zur raschen Ermittelung der leichtlöslichen Bodennährstoffe Phosphor und Kali ist.

Der Gedanke der Methode ist folgender: 100 g Boden werden mit 100 Roggenkörnern bepflanzt; während der ersten Vegetationsperiode (18 Tage) sollen die 100 Roggenkeimpflanzen aus dem Boden die leichtlöslichen Phosphor- und Kaliverbindungen aufnehmen. Der Gehalt der Pflanzen an diesen Stoffen wird analytisch ermittelt.

Als „Lösungsmittel" wird bei diesen Verfahren also die Pflanze benutzt und nicht irgendeine Säure, der Weg zur Ermittlung ist also nicht mehr ein rein chemischer, sondern ein biochemischer. Neben der Erschließung des Bodens mit starken Säuren, durch die die Gesamtmenge der Pflanzennährstoffe ermittelt wird, sind eine ganze Reihe von schwächeren Lösungsmitteln vorgeschlagen worden (verdünnte Essigsäure, Ameisensäure, Zitronensäure, mit

Kohlensäure gesättigtes Wasser usw.), um die den Pflanzen zur Verfügung stehenden Stoffe zu ermitteln. All diese Versuche haben jedoch nicht zu einem voll befriedigenden Ergebnis geführt. Da bedeutet die Methode NEUBAUERS mit dem Vegetationsversuch im kleinen einen wesentlichen Fortschritt, hier ist es die assimilierende Pflanze mit ihren variablen Eigenschaften, mit ihrer Fähigkeit, sich dem Substrat anzupassen, die den Boden ,,extrahiert". Durch die dicht gedrängte Anordnung: 100 Individuen : 100 g Boden ist auch mit einer weitgehenden Erschöpfung des Bodens an leichtlöslichen Nährstoffen zu rechnen, was für das Untersuchungsverfahren spricht. Von einem restlosen Entzug der aufnehmbaren Stoffe kann allerdings nicht gesprochen werden, denn wir müssen uns vergegenwärtigen, daß es sich bei der Stoffaufnahme um den Vorgang der Einstellung eines Gleichgewichtes zwischen Boden und Pflanze handelt, der bestimmten Gesetzmäßigkeiten unterworfen ist, die hier zu erörtern zu weit führen würde. Eine quantitative Methode stellt das Verfahren von NEUBAUER — streng genommen — also nicht dar, sondern eine konventionelle. An allen Untersuchungsstellen kommt gleiches Saatgut von möglichst gleichem Hundertkorngewicht zur Verwendung, der gleiche Sand, dieselben Wassermengen werden gegeben, es wird eben, soweit es praktisch möglich ist, unter gleichen Bedingungen gearbeitet. Bei strenger Einhaltung der Vorschrift und sorgfältiger Behandlung der Vegetationsversuche hat es sich auch ergeben, daß verschiedene Untersuchungsstellen sehr gut übereinstimmende Resultate erhielten, wie sie bei rein chemischen Vergleichsanalysen nicht besser zu erzielen sind.

Es ist zwar anzunehmen, daß das Verfahren weitgehend bekannt ist, es erscheint mir jedoch der Übersichtlichkeit halber zweckmäßig, die Art der Ausführung im folgenden kurz wiederzugeben:

b) Die Ausführungsform der Methode.

α) **Der Vegetationsversuch.** In zylindrischen Glasnäpfen von 11—12 cm Durchmesser und 6—7 cm Höhe werden 100 g Boden mit 50 g Sand gemischt, mit 250 g Sand überdeckt und mit 70 g destilliertem Wasser befeuchtet. Hierbei ist es selbstverständlich, daß der zur Verwendung kommende Sand vorher sorgfältig ausgewaschen wird und absolut nährstoffrei ist. In den Sand werden die zuvor gewogenen und gebeizten 100 Roggenkörner mit dem Keimling nach unten eingedrückt, sodaß sie eben mit Sand bedeckt sind. Die Gefäße werden dann tariert; denn die Wassergabe erfolgt täglich nach Gewicht und zwar von 5 zu 5 Tagen um 5 g steigend, um das Gewicht der größer werdenden Keimpflanzen zu berücksichtigen. Die in beschriebener Weise angesetzten Gefäße werden mit Glasplatten überdeckt, die abgenommen werden, wenn die Sproßspitzen der ausgekeimten Samen die Glasplatte erreicht haben, was am 5. oder 6. Tage der Fall ist. Von dann ab erfolgt tägliche Wassergabe durch Wägung. Die Temperatur soll während des Vegetationsversuches möglichst 18—20° betragen, ohne größere Schwankungen. Zu niedere Temperaturen hemmen die Aufnahme. Temperaturen erheblich über 20° rufen Unregelmäßigkeiten in der Aufnahme hervor. Die Lichtverhältnisse sind nach NEUBAUERS und unseren Ermittelungen nicht von großer Bedeutung, die Beleuchtung in der Nähe des Fensters ist ausreichend.

Bis etwa zum 14. Tage ist rasches Wachstum der Keimpflanzen zu beobachten, die Sproßlänge beträgt je nach Saatgut, Bodenart und Lichtverhältnissen 12—16 cm, am Gefäßboden sind die Wurzeln als dichtes Geflecht sichtbar. Nach dieser Zeit läßt das Wachstum nach, etwa vom 16. Tage an beginnen die Sproßspitzen zu vergilben, es treten Verfallserscheinungen auf, die auf Raummangel und Mangel an Nährstoffen zurückzuführen sind, denn jedem Pflänzchen steht ja nur 1 g Boden zur Verfügung; jedenfalls spielen auch durch die Wurzeln ausgeschiedene Toxine eine Rolle, die von der geringen Substratmenge nicht kompensiert werden können.

Gleichzeitig mit diesen Vegetationsgefäßen mit 100 g Boden werden sog. blinde Versuche angesetzt; man läßt 100 Körner in 400 g nährstoffreiem Sand wachsen; denn die Körner enthalten ja auch einen bestimmten Reservevorrat an Phosphor und Kali, der dann bei der Berechnung der aus Boden aufgenommenen Mengen P_2O_5 und K_2O in Abzug zu bringen ist.

Um eine Kontrolle zu haben, werden stets mehrere Parallelgefäße angesetzt, meist drei, von denen zwei analytisch verarbeitet werden; die Pflanzenmasse des dritten Gefäßes dient als Reserve.

β) **Das Abernten.** Nach 18 Tagen wird der Vegetationsversuch abgebrochen. Durch Klopfen an den Gefäßwandungen wird das Boden-Sandgemisch gelockert, man faßt die Sprosse zusammen und hebt den Gefäßinhalt auf ein Sieb von 2 mm Maschenweite. Durch vorsichtiges Abspritzen mit Leitungswasser wird die Hauptmenge Boden und Sand entfernt, dann trennt man mit einer Schere die Wurzeln von den Sprossen unterhalb der Körnerreste und spült die Sprosse vorsichtig ab. Etwa nicht gekeimte Körner werden ebenfalls vom Sieb entfernt, die Zahl der ungekeimten soll 6—7 nicht übersteigen. Ist eine noch größere Anzahl vorhanden, so ist dies gewissermaßen ein Beweis dafür, daß der Vegetationsversuch nicht ordnungsgemäß verlaufen ist, entweder war das Saatgut bereits unbrauchbar geworden, oder es befanden sich in dem Boden oder im Sand Stoffe, die eine normale Auskeimung verhinderten. In solchen Fällen ist dann auch nicht mit dem normalen Verlauf der Nährstoffaufnahme durch die Keimpflanzen zu rechnen, deshalb ist es zwecklos, derartige Versuche analytisch aufzuarbeiten. Man reinigt dann mit gelindem Wasserstrahl das Wurzelnetz von allen anhaftenden Bodenteilchen und bringt die gesamte Pflanzenmasse (Wurzeln + Körnerreste + Sprosse) in Platinveraschungsschalen, in denen sie nochmals mit destilliertem Wasser nachgespült wird.

Was die sehr genaue und elegante *analytische* Methode betrifft, so sei auf die Originalarbeit verwiesen.

γ) **Die Berechnung der Analysenergebnisse.** Wie schon angedeutet, spielen hierbei die blinden Versuche eine Rolle, die in gleicher Weise behandelt werden wie die im Boden gewachsenen Pflanzen. Die Berechnung erfolgt nach folgender Grundlage:

Pflanzeninhalt der Versuche mit Boden;
— Pflanzeninhalt der blinden Versuche;
= aufgenommene Nährstoffmengen.
An einem Beispiel erläutert:
a) Mit Boden.
Gewicht der ausgelegten 100 Körner: 3,987 g.
Pflanzeninhalt: 32,5 mg P_2O_5; 40,1 mg K_2O.
b) Blind.
Pflanzeninhalt berechnet auf 1 g der ausgelegten Körner: 5,7 mg P_2O_5; 5,2 mg K_2O.
Berechnet auf obiges Körnergewicht (3,987 g) beträgt der Pflanzeninhalt: 22,7 P_2O_5; 21,1 mg K_2O.
Die Differenz von a) und b) muß von den Keimpflanzen aufgenommen worden sein:

$$\begin{array}{ll} P_2O_5: 32,5 & K_2O: 40,1 \\ -\ 22,7 & -\ 21,1 \\ \hline 9,8\ \text{mg} & 19,0\ \text{mg} \end{array}$$

δ) **Die Auswertung.** In der ersten ausführlichen Veröffentlichung (Zeitschr. f. Pflanzenernährung u. Düngung 1923, Tl. A, S. 343) wird von NEUBAUER gesagt, daß ein Ackerboden hinreichend versorgt ist, wenn in 100 g Boden 8 mg P_2O_5 und 23 mg K_2O in wurzellöslicher Form enthalten sind. Diese „Grenzzahlen" haben nun eine weitgehende Differenzierung erfahren, wie das nach den durchaus verschiedenen Ansprüchen der Kulturpflanzen erklärlich ist, außerdem wird es nach den klimatischen Verhältnissen mancher Gegenden selbst bei stärkster Düngung nicht möglich sein, Höchsternten zu erzielen. Der Nährstoffentzug durch die Pflanzen wird ein geringerer sein, man käme hier vielleicht schon mit Grenzzahlen von 4 mg für P_2O_5 bzw. 12 mg für K_2O bei Getreide aus.

Wie aus der folgenden Erläuterung, die von der Versuchsanstalt Dresden jedem Analysenergebnis beigefügt wird, zu ersehen ist, soll die Auswertung der Zahlen individuell erfolgen. Die Erfahrungen, die der Landwirt bisher mit dem betreffenden Boden gemacht hat, spielen eine große Rolle, die „Grenzzahlen" sind kein starres System, sondern sie sind gewisse Anhaltspunkte:

„Erläuterungen zu den Ergebnissen der Bodenuntersuchungen nach der Keimpflanzenmethode.

Die folgenden hohen Ernten sind ohne Kali- und Phosphorsäuredüngung nur zu erreichen, wenn eine 100 g Trockensubstanz entsprechende Menge des Bodens wenigstens folgende Menge Kali und Phosphorsäure in wurzellöslicher Form enthält:

Ernte dz/ha	mg Kali	mg Phosphorsäure
35 Gerstenkörner mit Stroh	14	8
40 Haferkörner mit Stroh	17	6
40 Weizenkörner mit Stroh	15	8
35 Roggenkörner mit Stroh	17	8
80 Rotkleeheu	25	8
320 Kartoffeln mit Kraut	37	9
400 Zuckerrüben mit Kraut	33	10
800 Futterrüben mit Kraut	47	12
35 Rapskörner mit Stroh	18	15
140 Luzerneheu	35	15

Diese Grenzwerte sollen nur Anhaltspunkte sein. Für Düngungsrezepte eignen sie sich nicht, da sie noch keineswegs feststehen. Natürlich wird man mit höheren oder niedrigeren Grenzzahlen rechnen müssen, je nachdem man dem Boden noch höhere Ernten zutraut oder sich mit geringeren begnügen muß. Von einem stein- und kiesfreien Boden mit einer 20 cm tiefen Krume entsprechen 30 kg je ha etwa 1 mg in 100 g Boden. Eine dem Boden 150 kg Kali je ha entziehende Kartoffelernte macht den Boden also um 5 mg Kali im Sinne der Keimpflanzenmethode ärmer. Die Grenzzahlen gelten für eine 20 cm tiefe Ackerkrume und nehmen keine Rücksicht auf den Untergrund. Ist die Krume tiefer und kann der Untergrund beachtenswerte Nährstoffmengen beisteuern, so genügen geringere Grenzzahlen.

Bei armen Böden ist durch die Düngung eine Anreicherung auf wenigstens 20 mg Kali und 8 mg Phosphorsäure anzustreben. Den darüber hinausgehenden Anforderungen sehr anspruchsvoller Pflanzen ist von Fall zu Fall möglichst gerecht zu werden. Von leicht löslicher Düngerphosphorsäure können die Pflanzen in einer Vegetationszeit bis zu einem Fünftel und von leicht löslichem Düngerkali bis zu zwei Dritteln aufnehmen."

c) **Einige Gedanken über die Auswertung bei Waldböden.**

Der letzte Abschnitt, der uns weitgehend in die landwirtschaftliche Praxis hinüberführte, ist etwas eingehender behandelt worden, weil sich vielleicht hieraus ein Hinweis für die forstliche Auswertung der Analysenergebnisse von Waldböden ergibt. Daß hier andere Verhältnisse vorliegen, sei durch folgende Zusammenstellung von EBERMAYER gekennzeichnet. Nr. 4, 5 und 6 der Tabelle sind den Angaben von STÖCKHARDT und SCHRÖDER[1]) entnommen. Eine Durchschnittsernte bzw. ein Waldbestand entnimmt dem Boden jährlich pro ha in Kilogramm:

Nr.	Art	Kali kg	Phosphorsäure kg
1	Kartoffeln	120	36
2	Runkelrüben	184	32
3	Wiesenheu	80	30
4	Wintergetreide	39,2	23,5
5	Sommergetreide	49,0	19,6
6	Leguminosen	58,8	27,4
7	Buchenwald		
	a) zur Holzbildung 7	} 15,0	4 } 14
	b) zur Blattbildung 8		10
8	Fichtenwald		
	a) zur Holzbildung 4	} 9	1,5 } 8
	b) zur Blattbildung 5		6,5
9	Kiefernwald		
	a) zur Holzbildung 2	} 7	1 } 5
	b) zur Blattbildung 5		4

Die Mengen Kali und Phosphorsäure, die ein Waldbestand der Flächeneinheit entnimmt, sind ganz bedeutend geringer als die noch niedrig bemessenen Zahlen für den jährlichen Entzug durch die verschiedenen Feldgewächse. Wollten wir nun nach diesem Vergleich der jährlichen Entnahme von Nährstoffen „Grenzzahlen"

---

[1]) SCHRÖDER: Tharandter forstl. Jahrb. Bd. 27, S. 55.

für Waldbestände aufstellen, so müßten diese bedeutend niedriger sein als die Normen für die landwirtschaftlichen Kulturgewächse. Hierzu kommt aber noch ein weiterer Gesichtspunkt, nämlich die wesentlich tiefer gehende Bewurzelung der Baumarten, denen also Schichten von viel größerer Mächtigkeit zur Verfügung stehen. Bei Kulturpflanzen rechnen wir mit verzweigter Wurzelausbreitung bis zur Tiefe von etwa 1 m, hingegen bei Bäumen breitet sich die Hauptmasse des Wurzelsystems bis zu 2 m und tiefer aus. Letztere Angaben sind natürlich nicht als scharfe Grenzen zu erfassen; denn Wachstum und Form des Wurzelsystems wird sich weitgehend den Bedingungen anpassen, unter denen die Pflanze sich entwickelt.

Wenn nun bei der Auswertung der Untersuchungsergebnisse von Ackerböden in erster Linie die Krume berücksichtigt wird, so ist dies aus zwei Gründen richtig, einmal ist in den allermeisten bisher ermittelten Fällen die Krume um ein Vielfaches reicher als der Untergrund an Phosphor und Kali, und dann vollzieht sich die Jugendentwicklung der Kulturpflanzen ja auch bei noch nicht allzu großer Bewurzelungstiefe, der Nährstoffgehalt der Krume ist also gerade für dieses wichtige Stadium entscheidend. Der Fall, den NEUBAUER in seinen Erläuterungen S. 64 erwähnt: „Ist die Krume tiefer und kann der Untergrund beachtenswerte Nährstoffmengen beisteuern, so genügen geringere Grenzzahlen", kommt meines Erachtens insofern für Waldböden besonders in Betracht, als dort das tiefgehende Wurzelsystem vorhanden ist, das sich eben auch tieferliegende Bodenpartien zu erschließen vermag. Was bei Ackerböden zweckmäßig ist, nämlich den Untergrund zu prüfen, ist bei Waldböden jedenfalls notwendig, um ein richtiges Bild über die leichtlöslichen Bodenvorräte zu erhalten. Es dürfte angebracht sein, die Probenahme bei Waldböden stets bis auf 50 cm Tiefe anzusetzen. (Daß nicht eine Probenahme genügt, um einen Durchschnitt für einen Waldbestand zu erhalten, bedarf wohl kaum der Erwähnung.)

Wenn bei 20 cm Krumentiefe 1 mg in 100 g Boden 30 kg je ha entspricht (das Volumgewicht des Bodens zu 1,5 angenommen), so würde das bei einer Schicht bis zu 50 cm Tiefe, schlecht gerechnet, eine Menge von 70 kg/ha ausmachen. Wir haben also mit zwei Faktoren zu rechnen, die die Grenzzahlen für Waldbestände herabmindern: 1. der geringere jährliche Entzug an Nährstoffen; 2. eine größere in Frage kommende Schicht. Ziehen wir nun die für Feldgewächse angegebenen Normen heran, beispielsweise für Hafer mit 17 mg Kali und 6 mg Phosphorsäure, so kämen wir bei Buchenwald ungefähr — unter Berücksichtigung einer Tiefe von 50 cm — auf 2 mg K_2O und 2 mg P_2O_5. Rechnen wir diese Zahlen auf einen Hektar um, so ergeben sich etwa 140 kg Kali und 140 kg Phosphorsäure für die Flächeneinheit, also Mengen, die den jährlichen Bedarf um das 8- bis 9-fache übersteigen, was auch aus der Überlegung heraus notwendig ist, daß der Boden unter natürlichen Verhältnissen niemals so dicht von Wurzeln durchzogen werden wird, wie unter den Bedingungen des Keimpflanzenvegetationsversuches. Nur ein Bruchteil der assimilierbaren Stoffe wird in Wirklichkeit aufgenommen werden, es müssen also die nach der Keimpflanzenmethode ermittelten Werte um ein Vielfaches höher liegen, als nach dem jährlichen Entzug zu berechnen ist. Vielleicht ist es auch aus dieser Überlegung heraus angebracht, die Grenze noch höher anzusetzen, also auf 3 mg K_2O und 3 mg P_2O_5 bei Buchenwald, auf je 2 mg bei Fichtenwald und je 1,5 mg bei Kiefernwald.

Unsere Untersuchungen hierüber werden fortgesetzt. Erst nachdem umfangreiches Material vorliegt, kann jedenfalls eine Norm geschaffen werden, dazu reicht natürlich auch nicht eine Untersuchungsstelle aus. Es sei hiermit also nur die Anregung gegeben, daß dem Problem auch von anderer Seite nachgegangen wird.

Nun könnte gegen die Anwendung der Keimpflanzenmethode noch der Einwand erhoben werden, daß beim Vegetationsversuch Roggenpflanzen zur Verwendung kommen, aus deren Lösungsvermögen dann Schlüsse auf die Menge von Nährstoffen gezogen werden sollen, die dem Baumbestand zur Verfügung stehen. Dagegen wäre zu sagen, wie ich vorher schon erwähnte, daß das Prinzip der Methode darauf beruht, daß man an Stelle von verdünnten Säuren Individuen in abnormer Überzahl verwendet, und

68 Einzeluntersuchungen und Ergebnisse.

unter diesen Gleichgewichtsverhältnissen dürfte die Art des Individuums nicht mehr so entscheidend sein, daß die Anwendung der Methode ausgeschlossen wäre, zumal die gefundenen Werte auf jeden Fall um ein Vielfaches über der praktischen Ausnutzungsmöglichkeit liegen müssen.

d) Eigene Untersuchungen.

Im Anschluß an die Messungen mit der Apparatur von GÖRZ wurden von den Untersuchungsflächen Bodenproben entnommen, die nach dem beschriebenen Verfahren verarbeitet wurden, einmal um kennen zu lernen, in welchem Bereich die Zahlen bei Waldböden liegen und dann, um einen Vergleich der Ergebnisse mit denen der Leitfähigkeitsmessungen anstellen zu können.

Aus der folgenden Tabelle sind die Ergebnisse zu entnehmen:

Nr.	Art der Probe	Aus 100 g Boden wurden aufgenommen			
		mg P_2O_5	mg K_2O	Baum $L-1$	Boden $L-1$
1	Fläche I aus der Tieflage entnommen, 0—10 cm nach der Entfernung der neuen Bodendecke	0,6	3,1	0,99	
2	Fläche I von der Höhe entnommen, 0 bis 10 cm	0,6	2,5		
3a	Fläche II von der Höhe entnommen, 0 bis 10 cm	1,2	4,3		
3b	Fläche II aus der Tieflage entnommen, 40—50 cm	1,1	3,3		
3c	Fläche II am Hang, 40—50 cm	1,1	2,6		
4	Fläche III ⎫ Flächen sind eben. Proben	1,6	3,1	1,00	0,17
5	„ IV ⎬ aus 0—10 cm nach Entfer-	1,5	2,6	1,06	
6a	„ V ⎭ nung des Bodenüberzuges	1,1	2,9	1,02	
6b	Fläche V, 40—50 cm Tiefe	0,6	3,1		
7	Jagen 110, bearbeiteter Streifen, 0—10 cm	1,0	3,3	0,86	
8	Jagen 110, unbearbeiteter Balken, 0 bis 10 cm	0	1,8		
9	Jagen 111, unbearbeitet, 9—10 cm . . .	0,3	2,3		
10	Jagen 111, unbearbeitet, Untergrund . .	0,3	1,4	0,93	—
100	Jagen 52, auf der Düne unbearb., 5 cm	0,9	4,0	0,87	0,16
101	Jagen 53, Vergleichsstreifen bearbeitet 5 cm . . . auf demselben Dünenzug	4,6	8,3	1,01	0,24
102	Jagen 54, auf der Höhe bearbeitet, 5 cm	2,4	4,5		
103	Jagen 54, in der Mulde bearb., 5 cm .	4,4	4,8	1,04	0,32

Wie bereits ausgeführt wurde, war mit Zahlen in einem anderen Bereich zu rechnen als bei Ackerböden.

Die Proben Nr. 1—6 b sind aus verschiedenen Teilen des Jagens 213 b entnommen, die Tiefe der Probenahme ist angegeben. Die mgr-Zahlen sind Mittelwerte von je 2—3 Bestimmungen, deren Abweichung untereinander 0,6 mg für P_2O_5 und 1,1 mg für K_2O nicht übersteigt. Die Fehlergrenze noch enger zu ziehen, dürfte praktisch nicht erreichbar sein. Es ergibt sich aber auch hieraus, daß bei Nr. 1—6 b nicht von deutlichen Unterschieden gesprochen werden kann.

Die Untersuchungen der tieferen Schichten zeigen, daß kein starker Abfall an ,,wurzellöslichen" Stoffen gegenüber der zugehörigen oberen Schicht zu beobachten ist, eine Stütze für den Vorschlag, die Probenahme bei Waldböden bis auf 50 cm Tiefe anzusetzen. Ziehen wir das Mittel aus den drei Proben der Fläche II, so erhalten wir für P_2O_5 1,1 mg, für K_2O 3,4 mg; in beschriebener Weise umgerechnet, ergeben sich daraus etwa 80 kg leichtlösliche P_2O_5 und etwa 250 kg K_2O für einen ha. Wenn hiervon $^1/_{10}$ während des Jahres aufgenommen wird, müßten die Mengen nach der Tabelle von EBERMAYER für Kiefernwald ausreichen, für Laubwald wären die Mengen verfügbarer Phosphorsäure wahrscheinlich etwas gering. Ähnlich liegen die Verhältnisse bei der Fläche V (Probe Nr. 6 a. und b).

Einigermaßen deutlich ist der Unterschied bei Probe Nr. 7 und 8. Die Bodenbearbeitung hat auf die Mobilisierung der Nährstoffe vermutlich unterstützend gewirkt. Als einwandfrei kann die Differenz zwischen Probe Nr. 100 und 101 angesprochen werden. Hier hat die Bodenbearbeitung einen günstigen Einfluß ausgeübt. Es kann dies mit einiger Sicherheit angenommen werden, denn beide Proben sind dem gleichen Dünenzug entnommen, sie sind also von gleicher Bodenbeschaffenheit.

Die Jagen 53 und 54 (Probe Nr. 101 — 103) ergaben Zahlen, wie sie nach der Berechnung auch für Laubwald ausreichen müßten, falls der Untergrund, von dem leider keine Probe zur

Verfügung stand, nicht ganz bedeutend gegen den Gehalt der Krume an wurzellöslichen Stoffen abfällt.

Zur Ergänzung sind dann noch die Zahlen für die relative iLetfähigkeit im Baumsaft und Boden beigefügt. Wenn auch nach den von mir ausgeführten Untersuchungen nach der NEUFAUER-Methode bisher noch keine direkte Übereinstimmung herauszulesen ist, so kann doch gesagt werden, daß gewisse Zusammenhänge vorhanden sind, z. B. bei Probe Nr. 100 und 101. Hier ist eine Zunahme der Löslichkeit durch Bodenbearbeitung im Jagen 53 deutlich, auch die relative Leitfähigkeit im Baumsaft und Boden ist erhöht, allerdings ist ein weiterer Anstieg der Leitfähigkeit bei Nr. 102 und 103 zu beobachten, was mit der Keimpflanzenmethode nicht erklärt werden kann.

Betrachten wir nun die Untersuchungsergebnisse in ihrer Gesamtheit, so ist zu sagen, daß die Werte der verarbeiteten Böden innerhalb eines noch zu engen Bereiches liegen, bei Phosphorsäure zwischen 0 und 4,6, bei Kali zwischen 1,4 und 8,3. Somit wären einwandfreie Unterschiede — unter Berücksichtigung der Analysenfehlergrenze — nur in extremen Fällen zu erwarten. Wenn auch die Zahl der Untersuchungen durchaus noch nicht ausreicht, um ein Urteil über den Wert oder Unwert der Methode NEUBAUER bei Waldböden abzugeben, so kann doch schon gesagt werden, daß es zweckmäßig ist, beim Vegetationsversuch mit größeren Bodenmengen zu arbeiten, denn die Möglichkeit der Unterschiede wird dadurch eine größere. Es wäre angebracht, 250 oder 500 g Boden durch 100 bzw. 200 Roggenpflanzen zu extrahieren.

Was die „Erschöpfung" von 250 g Boden durch 100 Pflanzen betrifft, so ist bei dem veränderten Gleichgewicht Bodenmenge: Pflanzenzahl allerdings mit einer geringen Abweichung in der Aufnahme zu rechnen, in dem Sinne, daß nicht die $2^1/_2$ fache Menge an Phosphor und Kali entzogen wird wie aus 100 g Boden, sondern etwa nur der $2^1/_3$ fache Betrag.

Sicher ist aber nach bisher angestellten Versuchen, über die später zu berichten sein wird, daß die Übereinstimmung von

Parallelgefäßen ebenso befriedigend ist wie bei den Versuchen mit weniger Boden. Das System der Auswertung würde dann auf der Basis von 250 oder 500 g Boden aufzubauen sein, damit kommen die „Grenzzahlen" in einen Bereich, der auch mit mehr Sicherheit zu erfassen ist. Es sei zum Schlusse noch hervorgehoben, daß durch die Mitteilungen und Gedanken über die NEUBAUER-Methode nur eine Anregung gegeben werden soll; denn es ist eine alte Erfahrung, daß durch neue Meßmethoden sich auch neue Möglichkeiten der Beurteilung und tiefere Einblicke in die vorliegenden Verhältnisse ergeben. Wenn auch das Verfahren in seiner Anwendung auf Waldböden noch nicht ganz ausreichen mag, so ließe sich durch Vergrößerung der Bodenmenge beim Vegetationsversuch Abhilfe schaffen. Hieraus ergibt sich eine erweiterte Abstufung der Werte. Die Art der Auswertung muß die Erfahrung lehren, eine Probenahme auch aus tieferen Schichten ist bei Waldböden jedenfalls wichtiger als bei Ackerböden.

Schlußfolgerungen.

Die in der Oberförsterei *Grimnitz* im Jahre 1925 vorgenommenen ersten Versuchsmessungen mit dem GÖRZschen Apparat hatten ein Ergebnis, das zu der weiteren Anwendung des Apparates im Jahre 1926 führte; hierüber ist im vorstehenden berichtet[1]).

Die Ergebnisse von 1925 sollen ihrer grundsätzlichen, forstlichen Bedeutung wegen hier zunächst besprochen und an sie gewisse Schlußfolgerungen geknüpft werden. Im Jahre 1926 bestätigten die Messungen auf großer Fläche dann im allgemeinen das, was nach den Ergebnissen der Probemessungen von 1925 vermutet werden konnte.

Die Ergebnisse beziehen sich im wesentlichen auf die Jagen westlich des Werbellinsees, namentlich Jagen 52—54. Im Jagen 213, östlich des Sees, ist noch manches ungeklärt geblieben;

---

[1]) Der Apparat wird hergestellt von der Siemens & Halske A. G., Berlin-Siemensstadt.

deshalb sind die in diesem Jagen gemachten Feststellungen als Anhang mitgeteilt.

1925.

Es wurden Boden- und Baummessungen ausgeführt. Für die Baummessungen suchte ich solche Stämme aus, deren Äußeres ein besonders ausgeprägtes physiologisches Verhalten — Gutwüchsigkeit, Geringwüchsigkeit — erwarten ließ.

I.

Im Jagen 53 wurden gemessen:

Stamm 1. Höhe 25 m; allseits stark ausgebildete Krone, die $^1/_4$ der Gesamtlänge des Stammes einnimmt.

Gemessene relative Leitfähigkeit $L - 1 = 2{,}00$.

Stamm 2. Höhe 23 m; normal große, allseits ausgebildete abgeflachte Krone, die nur im Süden von einzelnen Ästen des Nachbarstammes berührt wird.

Gemessene relative Leitfähigkeit $L - 1 = 1{,}77$.

Stamm 3. Höhe 21 m; einseitige, nur nach Süden ausgebildete Krone.

Gemessene relative Leitfähigkeit $L - 1 = 1{,}30$.

Stamm 4. Vom Blitz getroffene Kiefer.

Gemessene relative Leitfähigkeit $L - 1 = 0{,}95$.

Stamm 5. Schwammkiefer, absterbend; Grund des Absterbens äußerlich nicht erkennbar.

Gemessene relative Leitfähigkeit $L - 1 = 0{,}40$.

Es ist selbstverständlich, daß aus dem Äußeren eines Baumes nicht immer auf seine mehr oder weniger große Wuchskraft geschlossen werden kann; denn oft liegen Störungen vor, die äußerlich nicht erkennbar sind. In solchen Fällen würde der GÖRZsche Apparat eine mit der Vermutung nicht übereinstimmende Messung ergeben. In den oben mitgeteilten 5 Probemessungen entsprachen die Ergebnisse dem nach dem äußeren Zustand angenommenen physiologischen Verhalten der Bäume besonders gut.

Ähnlich war das *Ergebnis der Bodenmessungen* im Jagen 53; über die geologischen Verhältnisse dieser Böden vergl. S. 31.

Schlußfolgerungen.

a) *Messungen in den bearbeiteten Bodenstreifen*, die im Vorjahr mit dem NEUMANN-HILFschen Igel „geigelt" waren:

Messung 1. im ebenen Gelände $\quad L - 1 = 0{,}37$.
Messung 2. in einer Mulde zwischen zwei
  Dünen gemessen $\quad L - 1 = 0{,}37$.

b) *Messungen in den unbearbeiteten Balken* zwischen den Streifen:

Messung 3. (neben Stamm 1), im Rohhumus $\quad L - 1 = 0{,}26$.
,, 4. (neben Stamm 2), im Rohumus $\quad L - 1 = 0{,}25$.
,, 5. (neben Stamm 3), kein Rohhumus
  vorhanden $\quad L - 1 = 0{,}40$.

Diese Zahlen besagen:

1. *daß die Messungen im Baum die nach dem Äußeren vermutete höhere Wuchskraft einzelner Stämme auch tatsächlich anzeigten*, und

2. *daß die Rohhumusböden die untätigsten sind.*

Die relative Leitfähigkeit der Rohhumusböden schwankte nach den vorliegenden Messungen innerhalb so enger Grenzen, (0,25 bis 0,27; vergl. auch S. 75), daß dadurch das physiologisch gleichartige Verhalten dieser Böden als erwiesen anzusehen ist; *sie sind die untätigsten aller untersuchten Böden.*

Die Tätigkeit dieser Böden hebt sich durch Bearbeitung; die Messungen ergaben in den bearbeiteten Streifen eine durchschnittliche relative Leitfähigkeit von 0,37 gegen einen Durchschnitt von 0,26 der nicht bearbeiteten Rohhumusböden. *Die höchste relative Leitfähigkeit aber hat der unbearbeitete Boden, wenn sein Humus in normaler Zersetzung steht.* Er ist dann auch dem bearbeiteten Rohhumusboden überlegen! Im vorliegenden Fall im Verhältnis 0,40 : 0,37. Die gleiche Feststellung wurde auch im Jagen 54 gemacht.

Ich sehe darin eine wichtige Bestätigung meiner Auffassung von dem nur bedingten Wert forstlicher Bodenarbeit. Es entspricht dem Dauerwaldgedanken, daß der gesunde Waldboden, wie er unter dem Einfluß eines zweckmäßig behandelten Waldes entsteht, sich in einem Zustand befinden *muß*, der in seiner physiologischen Wirkung auf den Baumwuchs durch künstliche Mittel, also namentlich durch Bodenarbeit, nicht mehr gesteigert werden kann. Im Gegenteil, die Güte des in normaler Zersetzung stehenden Waldbodens kann künstlich nicht oder doch nur mit einem Kostenaufwand erreicht werden, der außerhalb des Bereiches wirtschaftlicher Anwendbarkeit liegt.

Ich habe daher in dem von mir bearbeiteten forstlichen Flugblatt „*Die wichtigsten Verfahren forstlicher Bodenarbeit*"[1]) ausgeführt: „*Der Wald soll ohne Bodenarbeit wachsen und sich ergänzen. Durch zweckmäßige Hiebsführung soll der Forstmann eine solche Wechselwirkung zwischen Bestand und Boden erreichen, daß der Boden unter dem Bestande gesund und tätig bleibt. Dann sind Zuwachs und Verjüngungsmöglichkeit — sowohl künstliche als natürliche Verjüngung — auch ohne Bodenarbeit sichergestellt.* Dieser gesunde Waldzustand ist bisher nur vereinzelt vorhanden. Daher wird Bodenarbeit im forstlichen Betrieb noch immer angewendet werden müssen; sie ist aber stets nur als Notbehelf bis zum Eintreten eines gesunden Waldzustandes anzusehen, wenn sie auch so zweckmäßig wie möglich ausgeführt werden soll." Auch in meinem diesjährigen *Vortrag im Pommerschen Forstverein*[2]) sagte ich, daß *Bodenarbeit „kostspielig und vom Standpunkt des waldbaulichen Könnens aus immer nur als ein Notbehelf anzusehen sei.* Ja, man muß eigentlich jede Art von Bodenarbeit im Walde ablehnen und verlangen, daß der Forstwirt lediglich durch den Einfluß der Bestockung, d. h. durch zweckmäßige einzelstammweise Hiebsführung, einen geeigneten Bodenzustand herbeizuführen versteht, ein Weg, den Herr VON KALITSCH in *Bärenthoren* mit seiner Kieferndauerwaldwirtschaft gegangen ist". — Ich halte daher das Revier des Herrn VON KALITSCH für besonders geeignet, die Frage zu klären, ob der gesunde Wald-

---

[1]) Herausgegeben im Auftrage des Ministeriums für Landwirtschaft, Domänen und Forsten von Dr. M. WOLFF. Verlag J. Neumann, Neudamm.

[2]) „Humusfragen und Bodenarbeit im Walde." In „die Technik in der Landwirtschaft" 1926, Heft 10. Berlin: Verlag des Vereins deutscher Ingenieure.

boden tatsächlich dem bearbeiteten Boden unter allen Umständen physiologisch überlegen ist, also ob Bodenarbeit in diesem Falle geradezu schädigend wirkt. Untersuchungen dieser Art sind zusammen mit den im Vorwort angedeuteten botanischen Arbeiten für das Frühjahr 1927 in Aussicht genommen.

II.

Weitere Probemessungen wurden in den beiden Nachbarjagen 52 und 54 gemacht:

Jagen 52:

a) *Baummessungen:*

Stamm 6. in einer Mulde stehend, gut bekront.
　　　　Gemessene relative Leitfähigkeit $L - 1 = 1{,}03$.
Stamm 7. wie Stamm 6, nur noch stärkere Krone.
　　　　Gemessene relative Leitfähigkeit $L - 1 = 1{,}22$.
Stamm 8. auf einer Düne stehend; schlechter
　　　　bekront als Stamm 6　　　　$L - 1 = 1{,}01$.

b) *Bodenmessungen:*

Messung 6. in der Mulde　　　　$L - 1 = 0{,}13$.
Messung 7. auf der Düne, im Rohhumus;
　　　　viel Beerkraut vorhanden $L - 1 = 0{,}27$.

Bei Messung 6 scheint eine Beeinflussung durch das verhältnismäßig sehr flach anstehende Grundwasser vorzuliegen. Messung 7 entspricht fast genau den Bodenmessungen 3 und 4 im Rohhumus
　　　　bei 3 mit $L - 1 = 0{,}26$.
　　　　bei 4 mit $L - 1 = 0{,}25$.

Die Rohhumusböden sind damit wieder als sehr gleichartig und zwar als gleichmäßig untätig gekennzeichnet.

Jagen 54:

a) *Baummessungen.*

Stamm 9. gut bekront, zwischen zwei mit dem GEISTschen Grubber bearbeiteten Streifen stehend.
　　　　Gemessene relative Leitfähigkeit $L - 1 = 1{,}54$.
Stamm 10. schlechter bekront, nahe bei Stamm 9.
　　　　Gemessene relative Leitfähigkeit $L - 1 = 1{,}44$.

76 Schlußfolgerungen.

b) *Bodenmessungen*:

Messung 8. im Streifen, der im Vorjahr mit dem GEISTschen
Grubber bearbeitet war $L - 1 = 0{,}32$.

Messung 9. auf dem unbearbeiteten Balken
zwischen zwei Streifen, ohne Rohhumusbildung $L - 1 = 0{,}64$.

*Auch hier wieder die Überlegenheit eines unbearbeiteten, in guter
Humuszersetzung stehenden Bodens gegenüber einem bearbeiteten*;
hier sogar im Verhältnis 0,64 : 0,32 (vergl. S. 73)! Wie sich diese
Feststellung aus Einzelmessungen zu dem im folgenden Jahr auf
großer Fläche ausgeführten Bodenmessungen stellt, vergl. S. 79.

III.

Die Jagen 52—54 waren vom Eulenfraß kaum befallen. Einige
weitere *Probemessungen* fanden *im Eulenfraßgebiet* Jagen 70 an
90- bis 100jährigen Stämmen und im Boden statt:

Jagen 70:

a) *Baummessungen*:

Stamm *11.* gut bekronter, vorherrschender, auf einer Düne
stehender Stamm; im Frühsommer von der Eule ziemlich
licht gefressen, etwa 30% der Nadeln verloren.

Gemessene relative Leitfähigkeit $L - 1 = 1{,}08$.

Stamm *12.* schlecht bekront, sonst wie Stamm 11.

Gemessene relative Leitfähigkeit $L - 1 = 0{,}89$.

Stamm *13.* vorherrschend wie Stamm 11, aber im ebenen Gelände (unterer Diluvialsand) stehend.

Gemessene relative Leitfähigkeit $L - 1 = 1{,}32$.

Stamm *14.* wie Stamm 13 stehend, aber schlecht bekront.

Gemessene relative Leitfähigkeit $L - 1 = 0{,}69$.

b) *Bodenmessungen.*

Messung 10. neben Kiefer 11; unbearbeitet. Beerkraut und
Moos; die Messung erfolgte im Beerkraut:

$$L - 1 = 0{,}23.$$

Messung 11. nahe bei Messung 10; wie diese, nur erfolgte die Messung mehr im Moos (Astmoose): $L - 1 = 0{,}39$. Die im Beerkraut, also im Rohhumus vorgenommene Messung 10 ergab auch hier wieder einen sehr niedrigen Wert; er liegt etwas unter den Messungen im Rohhumus in den Jagen 52 bis 54, deren Durchschnitt $L - 1 = 0{,}25$ für den Rohhumus war. — Die Messung 11 mit $L - 1 = 0{,}39$ erfolgte offenbar an einer Stelle besserer Bodentätigkeit, wofür äußerlich schon das Vorhandensein der Astmoose spricht. Die Astmoose sind eine forstwirtschaftlich sehr erwünschte Bodenflora; in dem Maße, wie die Astmoose das Übergewicht über das Beerkraut bekommen, verbessert sich der Bodenzustand. — In Bärenthoren ist es die Heide, die unter dem Einfluß der Wirtschaftsführung des Herrn VON KALITSCH in zunehmendem Umfange von den Astmoosen verdrängt wird und dadurch die fortschreitende Verbesserung des Waldzustandes anzeigt.

IV.

Die Untersuchungen nach der Keimpflanzenmethode ergeben ebenfalls eine deutliche Überlegenheit der bearbeiteten Böden des Jagens 53 über die nicht bearbeiteten gleichen Böden des Jagens 52. Die Proben für diese Untersuchungen wurden demselben Dünenzug, der durch beide Jagen geht, entnommen. Die Böden des Jagens 53 waren sogar denen des Jagens 54 in der Untersuchung nach NEUBAUER überlegen, obwohl die Messungen nach GÖRZ — sowohl die des Jahres 1925, als auch die großen Durchschnitte des Jahres 1926 (vergl. VII) — dies nicht anzeigten. Hier handelt es sich bei der Untersuchung nach NEUBAUER offenbar um ein Zufallsergebnis; die Untersuchungen waren nicht zahlreich genug, um endgültige Schlußfolgerungen zu gestatten.

Die *Baummessungen* liegen (abgesehen von den beiden abgängigen Stämmen 4 und 5 im Jagen 53):

im Jagen 53 zwischen einem $L - 1$ von 1,30—2,00,
„ „ 52 „ „ $L - 1$ „ 1,01—1,22,
„ „ 54 „ „ $L - 1$ „ 1,44—1,54,
„ „ 70 „ „ $L - 1$ „ 0,69—1,32,

Die *Bodenmessungen* liegen:

im Jagen 53 bei $L-1 = 0,25-0,40$,
,,   ,,   52 ,, $L-1 = 0,13-0,27$,
,,   ,,   54 ,, $L-1 = 0,32-0,64$,
,,   ,,   70 ,, $L-1 = 0,23-0,39$.

Die Boden- und Baummessungen in den einzelnen Jagen entsprechen sich gut. Nach den *Bodenmessungen* läßt sich eine gewisse Reihenfolge der Böden ihrer Güte nach aufstellen; sie hat sich im folgenden Jahr bei den Messungen im großen und auch bei den Untersuchungen nach der Keimpflanzenmethode bestätigt, und ergibt sich auch aus forstwirtschaftlichen Feststellungen: Jagen 54 ist an Güte des Bodenzustandes den Jagen 52 und 53 überlegen, Jagen 53 wieder dem Jagen 70.

Diese Verhältnisse kommen naturgemäß bei den wenigen probeweisen *Baummessungen* des Jahres 1925 nicht so deutlich zum Ausdruck, denn das Wachstum der Bäume ist vom Boden und seinem Zustand allein nicht abhängig. *Vielmehr ergab sich eine deutliche Kennzeichnung der höheren Wuchskraft einzelner Bäume bei größerer Kronenausbildung.*

Die Kronenausbildung ist in den geschlossen erzogenen Beständen der Fachwerkwirtschaft nicht die genügende Berücksichtigung geschenkt worden. Das, was Herr von KALITSCH „*das Festhalten der Kronen*" nach genügend langer Schaftentwicklung nennt, ist in unseren älteren Beständen nicht geschehen; sie haben alle viel zu lange Schäfte bei zu geringem Kronenvermögen! Dadurch wird die Gesamtzuwachsleistung des Derbholzes eines Waldes herabgesetzt; namentlich läßt der Zuwachs der Bäume in höherem Alter stark nach; das wäre in diesem Maße an sich nicht nötig, ist aber infolge der ungenügenden Kronenausbildung und der sonstigen nachteiligen Wirkungen geschlossener Bestände zu einer regelmäßig auftretenden Erscheinung geworden. Ich habe in dem schon vorhin erwähnten Vortrag im Pommerschen Forstverein an den Stammscheiben aus Bärenthoren gezeigt, wie es Herrn VON KALITSCH gelungen ist, nach genügender Schaftausbildung durch gute Kronenpflege den Jahrring mit zunehmen-

Schlußfolgerungen.

dem Alter nicht enger, in den meisten Fällen sogar breiter werden zu lassen. Ihm ist es also gelungen, jene Forderung zu erfüllen, die schon MICHAELIS als die wichtigste bezeichnete, wenn „Durchforsten die größte Stärken- und Wertzunahme des Holzes bringen" soll, und wir einzelstammweise Starkholzzucht treiben wollen. —

Zweierlei Festellungen ließen sich also von der Anwendung des GÖRZschen Apparates im großen für das Jahr 1926 erhoffen:

1. *Die Kennzeichnung der Überlegenheit einzelner Stämme im Vergleich zu ihren Nachbaren*; diese Stämme würden dann als Hauptzuwachsträger besondere Beachtung bei der Hiebsführung verdienen. — Ihre weitere Entwicklung könnte durch Vergleichsmessungen beobachtet werden.

2. *Die Kennzeichnung von Unterschieden in der Güte des Bodenzustandes* sowohl innerhalb einzelner Jagen, wie der Jagen untereinander, wie auch bei verschiedenen Arten der Bodenarbeit und sonstigen forstlichen Maßnahmen.

Aus den Feststellungen zu 1 und 2 würden sich dann bestimmte Regeln für die Wirtschaftsführung herleiten lassen.

Diese Erwägung veranlaßte die Anwendung des GÖRZschen Apparates auf großen Flächen in der Oberförsterei Grimnitz für das Jahr 1926.

1926.

V.

Die Baummessungen des Jahres 1926 ergaben für :

Jagen 52 (unbearbeitet) eine mittlere relative Leitfähigkeit von
$$L - 1 = 0{,}97 \ (\pm \ 0{,}0149)$$
Jagen 53 (bearbeitet) eine mittlere relative Leitfähigkeit von
$$L - 1 = 1{,}01 \ (\pm \ 0{,}0154)$$
Jagen 54 (bearbeitet) eine mittlere relative Leitfähigkeit von
$$L - 1 = 1{,}04 \ (\pm \ 0{,}0074)$$
Die Fehlergrenze der Messungen ist sehr gering.

Für die Jagen 52, 53 und 54 hatten nur die *Boden*messungen des Jahres 1925 die Aufstellung einer Reihe der Güte nach zugelassen (vergl. S. 78). Die *Baum*messungen im großen ergeben nun dieselbe Reihe und lassen erkennen, daß im Durchschnitt sehr vieler Messungen die Unterschiede in der Bodenzusammensetzung und seinem Zustande doch auch im physiologischen Verhalten der Bäume einen vergleichbaren Ausdruck finden. Allerdings ist der meßbare Unterschied verhältnismäßig klein:

$$\text{Jagen } 52 : 53 = 0{,}04 \ (\pm \ 0{,}01),$$
$$\text{Jagen } 53 : 54 = 0{,}03 \ (\pm \ 0{,}01).$$

Auch dieser nur geringe Unterschied entspricht den tatsächlichen Verhältnissen; es muß berücksichtigt werden, daß Jagen 52 nicht bearbeitet ist, während in den Jagen 53 und 54 Bodenarbeit erfolgt ist:

An sich sind die Jagen 52 und 53 hinsichtlich ihres Bodenzustandes gleich zu beurteilen, 53 ist aber bearbeitet, 52 nicht; in beiden Jagen kommt Rohhumus flächenweise vor. Die Bearbeitung hat also den durch den Unterschied der durchschnittlichen relativen Leitfähigkeit 0,97:1,01 gekennzeichneten Erfolg gehabt.

Jagen 54 ist nach den Probemessungen von 1925 den Jagen 52/53 überlegen; dies drückt sich dadurch aus, daß Jagen 54 im Durchschnitt aller Messungen selbst dem bearbeiteten Jagen 53 noch im Verhältnis 1,04 : 1,01 überlegen ist.

Die höheren Werte einzelner Teile des Jagen 54 kommen bei diesem großen Durchschnitt nicht zum Ausdruck.

VI.

Im Jagen 70 sind im Jahre 1926 Messungen nicht weiter ausgeführt worden; vielmehr sprachen eine Reihe von Gründen dafür, an Stelle des Jagen 70 die *Jagen 110 und 111* zu einer weiteren Messung mit dem GÖRZschen Apparat heranzuziehen. Diese Jagen sind, wie die *geologische Karte* zeigt, ein Talsandgebiet zwischen zwei im Süden und Norden vorgelagerten Brüchen, liegen aber sonst in einem Teil der Oberförsterei, der den Höhensanden angehört. In diesen Jagen ist auf im ganzen 30 ha Bodenarbeit mit dem GEISTschen Grubber ausgeführt und Jungwuchs eingebracht worden.

Leider hat der Eulenfraß auf diesen Flächen eine Auswirkung gehabt, die zunächst nicht vermutet wurde; es werden wohl 50% der Stämme, die bei der Messung noch vorhanden waren, eingehen. Die Ergebnisse dieser Messungen bedürfen daher *der* Überlegung, daß der Eulenfraß hier die wirksamste physiologische Einwirkung und Störung war; daher die verhältnismäßig niedrigen Zahlen der relativen Leitfähigkeit der Stämme! Da der Eulenfraß flächenweise verschieden stark auftrat, und gerade die Fläche bearbeiteten Bodens im Jagen 110, auf welchen die *Baummessungen* ausgeführt sind, besonders befallen war, der unbearbeitete Vergleichsstreifen im Jagen 111 aber nicht, so lassen sich die Zahlen gut mit dieser Überlegung in Einklang bringen:

Die Kiefern des Jagens 111 (nicht bearbeitet, leichter befressen) haben eine mittlere relative Leitfähigkeit von $L-1=0{,}90$ ($\pm 0{,}019$), die Kiefern des Jagens 110 (bearbeitet, stärker befressen) eine solche von $L - 1 = 0{,}86$ ($\pm 0{,}0146$).

VII.

Die *Bodenmessungen* ergänzen das unter V und VI entworfene Bild in sehr anschaulicher Weise.

Die Probemessungen des Jahres 1925 hatten kurz folgendes ergeben:

Das Jagen 52 ist unbearbeitet, die Jagen 53 und 54 sind bearbeitet. Die Bodenverhältnisse der Jagen 52 und 53 sind ihrer geologischen Herkunft, ihrer chemischen Zusammensetzung und ihrer Korngröße nach als gleichartig anzusehen; dem entsprechen auch die Wuchsverhältnisse beider Jagen. Der unter V mitgeteilte Unterschied in der relativen Leitfähigkeit der *Bäume* in den Jagen 52 und 53 (0,97 : 1,01) ist also wahrscheinlich darauf zurückzuführen, daß im Jagen 52 die Bodenarbeit fehlt, die im Jagen 53 ausgeführt ist. Im allgemeinen findet sich in beiden Jagen Rohhumus, daher die günstige Wirkung der Bodenarbeit. — Wenn bei den Probemessungen von 1925 im Jagen 53 einzelne Stellen ohne Rohhumus, also mit gutem Bodenzustand gemessen wurden, so waren diese besonders ausgesucht. Sie zeigten die Überlegenheit des von Natur gesunden Bodenzustandes über die bearbeiteten Böden; diese letzteren waren nur bei Vorkommen von Rohhumus den unbearbeiteten Rohhumusböden überlegen.

Diesen Befund bestätigen nun auch die großen Durchschnitte der Bodenmessungen des Jahres 1926:

Jagen 52 (unbearbeitet) hat eine mittlere relative Leitfähigkeit
von $L - 1 = 0{,}16 \ (\pm 0{,}009)$

„ 53 (bearbeitet) im Balken zwischen zwei bearbeiteten Streifen gemessen $L - 1 = 0{,}14 \ (\pm 0{,}01)$

„ 53 im bearbeiteten Streifen $L - 1 = 0{,}24 \ (\pm 0{,}148)$

„ 54 (bearbeitet) im Balken zwischen zwei bearbeiteten Streifen $L - 1 = 0{,}22 \ (\pm 0{,}008)$

„ 54 im bearbeiteten Streifen $L - 1 = 0{,}32 \ (\pm 0{,}001)$

Die geringe relative Leitfähigkeit des Balkens zwischen zwei bearbeiteten Streifen im Jagen 53 — außer Messung 6 die niedrigste bisher mitgeteilte Zahl! — erklärt sich dadurch, daß die mit der Plagghacke von den Streifen entfernten Teile des Bodenüberzuges — Graspolster, Beerkraut, Rohhumus — auf die Balken gelegt worden sind, hier also eine besonders starke Anhäufung von unzersetzten organischen Massen stattfand; die Untätigkeit des Bodens ist daher in den Balken besonders groß, und die relative Leitfähigkeit der Balken im Jagen 53 liegt mit 0,14 noch unter dem Durchschnitt des Jagens 52 mit 0,16, obwohl im Jagen 52 keine Bodenarbeiten ausgeführt sind und Rohhumusbildungen vorkommen. Diese Zahlen zeigen, *wie* unzweckmäßig es ist, den Bodenüberzug auf die Balken zwischen die Streifen zusammenzuwerfen, und welche untätigen Bodenverhältnisse auf den Balken entstehen, wenn dieses Zusammenwerfen erfolgt.

Das Jagen 54 hat im bearbeiteten Streifen eine mittlere relative Leitfähigkeit von 0,32 ($\pm$ 0,001), und im Balken eine solche von

Schlußfolgerungen. 83

0,22 (± 0,008); Jagen 54 ist also dem Jagen 53 erheblich überlegen, und zwar:

für die bearbeiteten Streifen im Verhältnis 0,32 : 0,24,
für die Balken ,, ,, 0,22 : 0,14.

Das Jagen 54 hat im allgemeinen nur in seinem östlichen Teil geringe Rohhumusbildungen; in ihm sind daher *nicht* in demselben Maße wie im Jagen 53 Rohhumusplaggen von den Streifen auf die Balken gekommen; infolgedessen ist die durchschnittliche relative Leitfähigkeit der Balken hier höher als im Jagen 53.

VIII.

Die Messungen mit dem GÖRZschen Apparat wurden zunächst nur an alten Bäumen ausgeführt. Über die von vielen Seiten bestrittene Wuchskraft sehr alter Kiefern sollte ein Urteil gewonnen werden. Bei den großen Flächen alter, nach Fachwerksbegriffen „überalter" Bestände und dem wenig günstigen Kulturzustand in der Oberförsterei *Grimnitz*, ist es notwendig, die alten Kiefern, soweit sie gesund und zuwachskräftig sind, stehen zu lassen und nicht flächenweise zu nutzen, wie es immer wieder verlangt wird. Daß mit dieser Maßnahme keine „Verlustwirtschaft" getrieben, sondern *nur dadurch* eine allmähliche Gesundung des stark herabgewirtschafteten Waldzustandes und Vorrates zu erreichen ist, — dies zu beweisen war die ursprüngliche Absicht bei der Verwendung des GÖRZschen Apparates!

Die Messungen sind also an Kiefern gemacht, die in einem annähernd gleichen, und zwar in dem sehr hohen Alter von etwa 150 Jahren stehen. Junge Bäume haben höhere Meßwerte als alte; das muß bei den Messungen mit dem GÖRZschen Apparat berücksichtigt werden (vergl. S. 46). Sieht man von den durch den Eulenfraß beeinflußten und aus dem Vergleich daher ausscheidenden Jagen 70, 110 und 111 ab, so brauchte bei den hier besprochenen Messungen ein Ausgleich der gefundenen Zahlen nach dem Alter nicht durchgeführt zu werden.

Die Einflüsse des Standortes sind erläutert. — Die Einflüsse der Meßzeit, d. h. der Jahreszeit, in welcher die Messungen erfolgten, sind verhältnismäßig sehr gering, wie im Abschnitt 6 ausgeführt ist; sie sind außerdem bei den vorliegenden Messungen insofern gleichartig, als die Arbeiten des Jahres 1926 in der Zeit vom 12. bis 26. April bei gleichbleibendem Wetter und bei noch reichlicher Winterfeuchtigkeit in den Böden der Bestände stattfanden; die Messungen des Jahres 1925 erfolgten an *einem* Tage, dem 21. November. — Die Messungen aus dem November 1925 und dem April 1926 sind zueinander nicht in unmittelbaren Vergleich gebracht worden.

IX.

Die hier mitgeteilten Untersuchungen gehen von Überlegungen aus, deren Bedeutung die naturwissenschaftliche Forschung der Gegenwart in steigendem Maße erkennt. An die Stelle der Beschreibung und Behandlung einer „toten Materie" tritt das Streben nach der Erkenntnis der Lebensvorgänge in der Natur und ihrer verschränkten Zusammenhänge. Besonders auffällig und uns Forstleuten naheliegend ist diese Umstellung im Gebiet der Bodenkunde. Ähnliche Gedanken, wie sie hier für die Forstwirtschaft entwickelt sind, führt STOKLASA auf dem Gebiet der Bodenkunde in seinem 1926 erschienenen „Handbuch der biophysikalischen und biochemischen Durchforschung des Bodens" aus; er kommt darin zu dem Ergebnis, daß „die Erkenntnis der biophysikalischen und biochemischen Eigenschaften des Bodens zu einer neuen Epoche der Pflanzenproduktion führt". Ganz im Sinne dieser Auffassung habe ich schon im Jahre 1920 und nun erneut in dieser Schrift darauf hingewiesen, daß eine auf der Kenntnis der Lebensvorgänge des Waldes beruhende Forstwirtschaft als eine solche zu bezeichnen sei, „die uns in einen neuen Zeitraum forstlicher Wirtschaftsführung eintreten läßt", in eine Zeit der „*Forstwirtschaft auf physiologischer Grundlage*".

So fügen sich die hier mitgeteilten Gedanken über die Umstellung unserer Forstwirtschaft der herrschenden Richtung naturwissenschaftlicher Forschung ein: *Werden Untersuchungen der*

Art, wie sie in der Oberförsterei Grimnitz begonnen und in der vorliegenden Schrift dargestellt sind, weiter fortgeführt, so sind sie geeignet, im Laufe der Zeit die Gliederung des Waldes nach Güteklassen, wie sie die Ertragstafeln vorsehen, durch eine Einteilung nach Untersuchungen der hier vorgenommenen Art zu ersetzen. Die Ertragstafeln sind in dauerwaldartigem Betriebe nicht anwendbar; sie entspringen auch einer dem Dauerwaldgedanken nicht entsprechenden Vorstellung vom Wesen des Waldes. Daher müssen für die Durchführung einer Dauerwaldwirtschaft andere sichere Grundlagen der Betriebsführung gefunden werden.

Hierfür einen Weg zu weisen, ist der Zweck dieser Schrift.

Anhang.

Einer besonderen Betrachtung bedarf noch das Jagen 213 b. Die forstwirtschaftlichen Angaben sind in der Zusammenstellung S. 34 enthalten, die geologischen Einzelheiten aus der am Schluß dieses Buches beigefügten Karte zu ersehen.

Die allgemeinen geologischen Verhältnisse der Oberförsterei Grimnitz sind im Abschnitt 5 beschrieben. Die Grimnitzer Endmoränenlandschaft ist für die Geologie Norddeutschlands besonders bezeichnend. Der Präsident der Geologischen Landesanstalt hat daher ein Bild dieser Landschaft über den Eingang zum Saal „Norddeutschland" des Geologischen Landesmuseums in Berlin hängen lassen. Das Bild ist im Jahre 1925 von den Mörderbergen aus, dem höchsten Punkt am Nordzipfel des Werbellinsees, gemalt; es zeigt den Verlauf der Endmoräne nach Osten, links das Staubecken des Grimnitzsees, rechts den tiefen Erosionsriß des Werbellinsees. Im weiteren Hintergrund tritt nach Osten hin ein Höhenzug im Verlauf der Endmoräne besonders hervor, „die Sassenberge" in der Försterei Ziethen der Oberförsterei Grimnitz; an ihrem Ostfuß liegt das Jagen 213.

Wir befinden uns also mit dieser Versuchsfläche im unmittelbaren Vorgelände der Endmoräne, und zwar an der engsten Stelle zwischen zwei von Osten und Westen hart an dieses Jagen herantretenden Geschiebebögen: im Osten der Senftenhütter Bogen der Endmoräne, im Westen die Ausläufer der Sassenberge (vgl. Karte). Die schmale Rinne zwischen beiden ist die Versuchsfläche, sie gehört zu einem Sandergebiete, das, aus einer breiteren nördlichen Fläche herkommend, sich hier halsförmig verengt und nach Süden auslaufend breiter wird. „Wenn diese Stelle nicht gerade aus gröberem Material besteht, wie es bei der großen Nähe der Endmoräne eigentlich sein müßte, so ist dieser Umstand dadurch zu erklären, daß die Hügel des groben Endmoränenmaterials hier sehr niedrig und von feinen Sanden bedeckt sind", so schreibt mir Geheimrat Prof. Dr. SCHROEDER, der Bearbeiter des zugehörigen Blattes Groß-Ziethen der Geologischen Karte Norddeutschlands. „Eine Absatzbewegung der Sande von Norden nach Süden und vielleicht eine Bedeckung des eigentlichen, zur Senftenhütter-Endmoräne gehörigen Sandes erscheint mir durchaus denkbar. Der „eisenschüssige Sand" kann an Ort und Stelle unter Mitwirkung der Feuchtigkeit der Senken durch Verwitterung und Hydroxydation der Feldspate entstanden sein, wenn nicht etwa ein humoser Fuchssand vorliegt, womit eisenschüssiger Sand leicht verwechselt werden kann." — Die bei den Messungen als Tieflage bezeichneten Teile des Jagens haben diesen „eisenschüssigen" Sandboden.

Die mittlere relative Leitfähigkeit des Bodens — nach 20 über die Fläche verteilten Messungen — beträgt $L - 1 = 0{,}17$, ist also im Vergleich zu den Messungen in den anderen Revierteilen verhältnismäßig niedrig. Die niedrige Zahl könnte auf die noch vor dem Kriege dort erfolgte Streunutzung hinweisen; Vergleichsmessungen mit anderen, nicht streugenutzten Jagen dieser Försterei würden dies klären.

Die *Kiefern* sind nach folgenden Gesichtspunkten gemessen:
1. Kiefern ohne besonders gekennzeichneten Standort
$$L - 1 = 1{,}01 \ (\pm\, 0{,}0063)$$
2. Kiefern, die in Anflughorsten stehen $L - 1 = 1{,}07 \ (\pm\, 0{,}0088)$
3. Kiefern, die in den tiefer gelegenen Teilen des Jagens stehen
$$L - 1 = 1{,}09 \ (\pm\, 0{,}02)$$

4. Kiefern, die im Anflug und in den Tieflagen stehen
$$L - 1 = 0{,}97\ (\pm\ 0{,}018)$$
Die mittlere relative Leitfähigkeit der Kiefern 1 bis 3 steht mit dem vermuteten Wuchsverhältnis in Übereinstimmung. Nur das Ergebnis 4 bleibt zunächst unerklärt.

Für dieses Jagen sind Bodenuntersuchungen nach der Keimpflanzenmethode ausgeführt worden. Sie gestatten einen genaueren Einblick in die physiologischen Zusammenhänge auch noch nicht, da sie nicht zahlreich genug sind. Nur so viel kann gesagt werden, daß die Nährstoffverhältnisse der oberen Bodenschichten der Jagen 53 und 54 wesentlich überlegen sind.

Die im Jagen 213 entstehenden Fragen sind also zunächst noch offen geblieben und verlangen weitere Bearbeitung. Sie sind hier als Anhang mitgeteilt, um in dem Bericht über die begonnenen Versuche in der Oberförsterei *Grimnitz* diese besonders anregende Versuchsweise nicht unerwähnt zu lassen.

Übersicht über das verwendete Schrifttum.

BERNHARDT, A.: Geschichte des Waldeigentums, der Waldwirtschaft und Forstwissenschaft in Deutschland. Berlin: Julius Springer 1875.

BIOLLEY: L'Aménagement des forêts par la méthode expérimentale et spécialement la méthode du contrôl. — Attinger Frères. Paris-Neuchâtel 1920.

BOGOSLOWSKI: Neue Strömungen in der Forsteinrichtung. Leningrader Forstliches Institut. Leningrad 1925.

BORGGREVE, B.: Die Forstabschätzung. Berlin: Paul Parey 1888.

BORNEMANN: Kohlensäure und Pflanzenwachstum. Berlin 1920.

COTTA, H.: Anweisung zur Forsteinrichtung und Abschätzung. — Dresden, in der Arnoldischen Buchhandlung 1820.

DIETERICH: Versuchswesen und Praktische Wirtschaft. Vortrag, gehalten bei der 29. Versammlung des Württembergischen Forstvereins 1922; im Selbstverlage des Vereins.

DUESBERG: Der Wald als Erzieher. Berlin: Paul Parey 1910.

FISCHER, H.: Pflanzenwuchs und Kohlensäure. Naturwissenschaften 1920, Heft 22, S. 413.

— Pflanzenbau und Kohlensäure. Stuttgart 1921.

GANSSEN, R. u. G. GÖRZ, Der Einfluß des Nährstoffgehaltes und der Azidität des Bodens auf das Wachstum der Holzarten im nordwestdeutschen Flottlehmgebiet von Syke. Mitteilungen a. d. Laboratorien d. Preuß. Geol. Landesanstalt, Heft 5. 1926. Im Vertrieb bei der Preuß. Geol. Landesanstalt.

GANSSEN, R., H. PFEIFFER, A. LAAGE u. H. HALLER: Der Einfluß des Kalkgehaltes und der Azidität des Bodens auf das Wachstum der Holzarten im nordwestdeutschen Flottlehmgebiet. Mitteilungen aus den Laboratorien der Preuß. Geolog. Landesanstalt; im Vertrieb bei der Preuß. Geolog. Landesanstalt. Berlin 1926.

GEOLOGISCHE LANDESANSTALT: Erläuterungen zur geologischen Karte von Preußen. — Im Vertrieb der geologischen Landesanstalt Berlin N 4, Invalidenstr. 44.

GÖRZ, G.: Über ein tragbares Gerät zur elektrischen Bestimmung der Bodenfeuchtigkeit im Felde. Internationale Mitteilungen für Bodenkunde Bd. 14, Heft 1—2. 1924.

GRIMM, H.: Goethe-Vorlesungen, gehalten an der Kgl. Universität zu Berlin. Stuttgart u. Berlin: J. G. Cottasche Buchhandlung Nachf. 1923.

GRUBE, G.: Grundzüge der angewandten Elektrochemie. Dresden u. Leipzig: Theodor Steinkopf 1922.

HAUSENDORFF, E.: Der Dauerwald des Herrn von Keudell. Zeitschr. f. Forst- u. Jagdwesen 1920, Heft 10, S. 577. Berlin: Julius Springer.

— Zur Dauerwaldfrage. Ebenda 1924, S. 622.

— Zur Frage der Dauerwaldwirtschaft im norddeutschen Kieferngebiet. Forstliche Wochenschr. Silva 1925, Nr. 13. Tübingen: H. Lauppsche Buchh.

— Die Wälder Finnlands. Ebenda 1925, Nr. 21.

— Sparmaßnahmen der Preuß. Staatsforstverwaltung. Ebenda 1927, Nr. 1.

— Die Dauerwaldidee, eine Überwindung des Streites zwischen dem Waldreinertrag und dem Bodenreinertrag. Allgem. Forst- u. Jagdzeitung 1924, S. 517. Frankfurt a. M.: J. D. Sauerländers Verlag.

— Dauerwaldgedanken. Der Deutsche Forstwirt 1925, Nr. 98. Berlin.

— Zur Frage der Dauerwaldwirtschaft im ostdeutschen Kieferngebiet. Ebenda 1925, Nr. 114.

— Das Wild und der Dauerwald. Deutsches Weidwerk 1925, Ausg. B, Heft 11. Berlin. Verlag Deutsche Tageszeitung.

— Über die neuen Bestimmungen zur Führung des Kontrollbuches, namentlich unter Berücksichtigung der Dauerwaldwirtschaft. — Vortrag gehalten bei der Versammlung des Märkischen Forstvereins 17. u. 18. Juni 1920. Im Selbstverlag des Vereins.

— Die Geschichte unserer Waldbestände und ihres Vorbestandes sowie deren Wichtigkeit für die Beurteilung der Leistungen und Behandlung unseres Waldes. — Vortrag bei der Sommerversammlung des Märkischen Forstvereins 1925. Ebenda.

— Die wichtigsten Verfahren forstlicher Bodenarbeit, ihr geschichtlicher Werdegang und waldbaulicher Wert. — Ebenda Februar 1926. Im Auszuge mitgeteilt in der Allgem. Forst- u. Jagdzeitung 1926, Heft 5. Frankfurt a. M.: J. D. Sauerländers Verlag.

— Humusfragen und Bodenarbeit im Walde. — In: Die Technik in der Landwirtschaft. Verlag des Vereins Deutscher Ingenieure 1926. Heft 10, Berlin.

vesen 1924, S. 689.
:yde produktion of soil and its influence on
lus, Rom 1924 Comm. IV. Ref. 14.
um der Vegetationskunde. Biologische Stu-
1 von WALTHER SCHOENICHEN (Berlin).
6.
Keimpflanzenmethode. Zeitschr. f. Pflan-
Leipzig: Verlag Chemie, A. Bose 1923.

iß zur Vorlesung. — Als Manuskript gedruckt.

flage). Berlin: Julius Springer 1921.
Sinn und seine Bedeutung. Berlin: Julius

studien. Zeitschr. f. Forst- und Jagdwesen
n: Julius Springer.
Auflage. Berlin: Julius Springer 1905.
Pflanzenwelt, ein Beitrag zur Kohlenstoff-
n Versuch zu einer geophysischen Pflanzen-

en und der atmosphärischen Kohlensäure
andwirtschaft, Verein Deutscher Ingenieure

kalische und biochemische Durchforschung
Paul Parey 1926.
bares Gerät zur elektrometrischen Bestim-
konzentration'', insbesondere der Boden-
gen aus den Laboratorien der Preuß. Geolog.
ei der Preuß. Geolog. Landesanstalt Berlin

VATER: Zur Weiterentwicklung des forstlichen Versuchswesens. — Antrittsrede bei Übernahme des Rektorats der Forstlichen Hochschule inTharandt.

WAGNER, C.: Die Grundlagen der räumlichen Ordnung im Walde. 4. Aufl. — Tübingen: H. Lauppsche Buchhandlung. 1923.

WIEDEMANN, BEHN u. GÖRZ: Die Kiefernaturverjüngung in der Umgebung von Bärenthoren. Zeitschr. f. Forst- u. Jagdwesen Bd. 58, Heft 5 (Mai). 1926.

WITTICH, W.: Untersuchungen über den Einfluß intensiver Bodenbearbeitung auf Hohenlübbichower und Biesenthaler Sandböden. Neudamm: J. Neumann 1926.

Geologisch
des Jagens 213b u. seiner

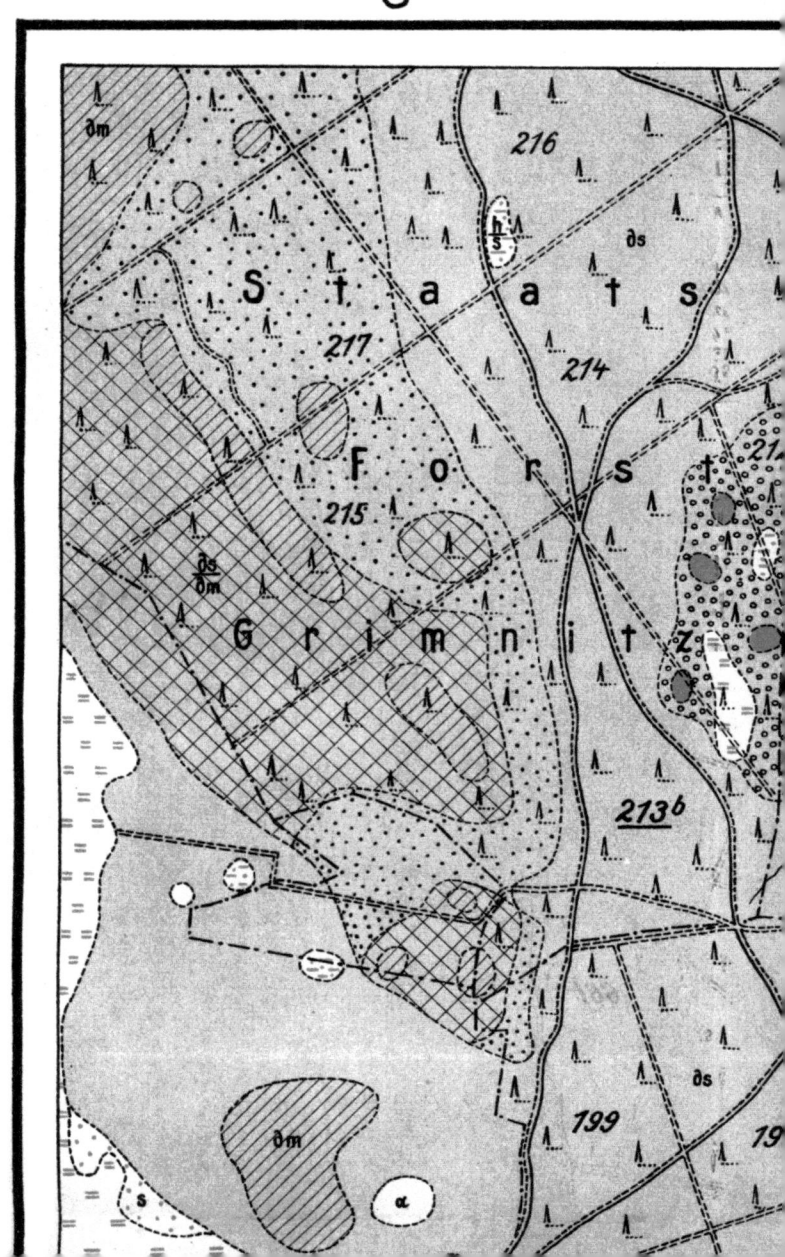

MIX
Papier aus verantwortungsvollen Quellen
Paper from responsible sources
FSC® C105338

If you have any concerns about our products,
you can contact us on
ProductSafety@springernature.com

In case Publisher is established outside the EU,
the EU authorized representative is:
**Springer Nature Customer Service Center GmbH
Europaplatz 3, 69115 Heidelberg, Germany**

Printed by Libri Plureos GmbH
in Hamburg, Germany